寻找多重宇宙

IN SEARCH OF THE MULTIVERSE

[英]约翰·格里宾 著

常宁 何玉静 等译

版权合同登记号：图字：30-2017-141 号
图书在版编目（CIP）数据
寻找多重宇宙 /（英）约翰·格里宾
(John Gribbin) 著；常宁等译. -- 海口：海南出版
社，2017.12（2018.9 重印）
书名原文：In Search of the Multiverse
ISBN 978-7-5443-7581-8
Ⅰ. ①寻… Ⅱ. ①约… ②常… Ⅲ. ①宇宙学－普及
读物 Ⅳ. ① P159-49
中国版本图书馆 CIP 数据核字 (2017) 第 267041 号

寻找多重宇宙

作　　者：（英）约翰·格里宾 (John Gribbin)
译　　者：常　宁　何玉静
监　　制：冉子健
策划编辑：李继勇
责任编辑：孙　芳
责任印制：杨　程
印刷装订：北京盛彩捷印刷有限公司
读者服务：蔡爱霞　郄亚楠
出版发行：海南出版社
总社地址：海口市金盘开发区建设三横路 2 号　邮编：570216
北京地址：北京市朝阳区黄厂路 3 号院 7 号楼 101
电　　话：0898-66830929　010-64828814-602
投稿邮箱：hnbook@263.net
经　　销：全国新华书店经销
出版日期：2017 年 12 月第 1 版　2018 年 9 月第 2 次印刷
开　　本：787mm × 1092mm　1/16
印　　张：15.25
字　　数：197 千
书　　号：ISBN 978-7-5443-7581-8
定　　价：42.00 元

宇宙就像漂浮在时间之河中的泡泡，它们是如此之多，如此奇异。

亚瑟·C. 克拉克在《在天空的另一边》的“黑暗之墙”中写道。

如果因为理论过于古怪，我们就将其抛弃，

那我们就很可能与真正的突破擦肩而过。

马克斯·泰格马克，麻省理工学院的物理学家

目　录

致谢

早在孩提时代，我便对多重宇宙的观点产生了浓厚的兴趣；在 20 世纪 60 年代中期，我开始了对多重宇宙的科学探索。四十多年来，我与许多人探讨或书信往来，也与专门研究这一领域的诸位同仁交流切磋，这本书的问世与他们是密不可分的。我不能一一记住他们的名字，但其中的一些我会铭记于心，他们是吉姆·巴哥特（Jim Baggott），朱利安·巴博（Julian Barbour），沃里克·比尔顿（Warwick Bilton），拉斐尔·布索（Raphael Bousso），约翰·W. 坎贝尔（John W.Campbell），波纳·卡尔（Bernard Carr），路易斯·达尔齐尔（Louis Dalziel），保罗·戴维斯（Paul Davies），理查德·道金斯（Richard Dawkins），戴维·多伊奇（David Deutsch），乔治·埃利斯（George Ellis），约翰·福克纳（John Faulkner），威廉·福勒（William Fowler），尼尔·格申菲尔德（Neil Gershenfeld），尼古拉斯·吉森（Nicolas Gisin），弗雷德·霍伊尔（Fred Hoyle），劳伦斯·克劳斯（Lawrence Krauss），路易斯·洛克伍德（Louise Lockwood），吉姆·洛夫洛克（Jim Lovelock），威廉·麦克雷（William McCrea），保罗·帕森斯（Paul Parsons），乔·普金斯基（Joe Polchinski），马丁·里兹（Martin Rees），李·斯莫林（Lee Smolin），李奥纳特·苏士侃（Leonard Susskind），马克斯·铁马克（Max Tegmark），爱德华·特莱恩（Edward Tryon），亚历克斯·韦兰金（Alex Vilenkin）和罗纳德·威尔特（Ronald Wiltshire）。同时，我还要感谢肯尼斯·福勒（Kenneth Ford）和希荷夫则（Eugene Shikhovtsev）同意我从希荷夫则撰写的休·埃弗雷特（Hugh Everett）传记的手稿中引用相关的资料。

除了上述的专业技术人员外，我的书也得益于我的儿媳埃莉诺·格里宾（Eleanor Gribbin）的关键点评。她主修的是英语教育，几乎从未接触过科学，但她委婉地提醒了我，并不是我认为"每个人都知道"的事情，大家就真的会知道。正是由于玛丽·格里宾（Mary Gribbin）的提示，我所有的书都是在讲述一个连贯的故事，而不是仅仅呈现出我的一些奇思妙想。

多重宇宙图书馆这个比喻是在我对克雷斯出版社（Clays printers）的一次拜访过程中产生的；非常感谢他们，既让我度过了精彩的一天，又让我产生了这一灵感的火花。

序　言

探　索

我一直对生命和宇宙之间的关系非常感兴趣。我们是怎样来到这个世界的？为什么宇宙如此广阔？一切是如何开始的——又将如何结束呢？为了探寻这些问题的答案，我努力学习有关天文学、宇宙学、**量子物理学**[1]、进化、地球历史，以及在宇宙的“其他的地球”中生命存在的可能性等方面的知识。在此期间，我所学到的重要的一点，就是我们的宇宙由一套非常简单的法则支配，该法则不仅允许而且要求某种复杂性的增长，而正是这种复杂性导致了诸如我们人类这样的复杂事物的出现。但我也学会了思考“我们的宇宙”而不是“宇宙”，因为似乎毫无疑问，不同的法则不能在不同的时空区域起作用，在我们可见事物的界限之外，它创造了不同于我们的宇宙，也许，类似于人类这样复杂的事物不会出现在这些宇宙中。

这就是“**多重宇宙**”的观点，它常常与“**人择宇宙**”的观点联系在一起。“人择宇宙”观点指出，我们发现周围的宇宙之所以适合生命的

〔1〕 本书中的专名在正文中第一次出现时用黑体标注，其英文见附录——编辑注

存在，那是因为不同宇宙具有不同的物理定律，而像我们人类一样的生命形式仅仅存在于与我们的宇宙非常相似的宇宙之中。其他的宇宙非常贫瘠，不适合生命形式的存在，因此也不会有“人”生存在其中，并注意到这些宇宙的物理定律有多么的奇特。

那么上述其他的宇宙在哪里呢？我们不可能像詹姆斯·库克（James Cook）在 18 世纪环球航行寻找南部大陆一样，在物质世界探寻这些宇宙，但数学家和物理学家正在用比喻的方法寻找着，他们尝试通过设计方程式、研发计算机模型的方式来描述多重宇宙。实际上，他们已经发现了许多不同种类的多重宇宙。多重宇宙在空间中可能是无限的，因此具有不同的物理定律的空间各区域因无限的距离而分离，彼此永远不会接触。多重宇宙在时间中也可能是无限的，因此具有不同的物理定律的宇宙一个接一个地连成一列，就像连在金属丝上的珠子，彼此永远不会有联系。多重宇宙可能包含无穷多的宇宙，这些宇宙在不同的尺度上被分开，就像一本无限厚的书中的书页，每一页代表着一个宇宙，它不能与书中的其他书页联系。此外，也存在其他的可能性。

这本书主要是介绍如何用比喻的方法探寻多重宇宙，内容涵盖了当今人们所构想的各种可能性。从为真实的世界提供正确的描述这一层面上来说，我们很难断言其中的某一个观点是“正确的”，但我的确对个别观点情有独钟。我也希望，这些有关多重宇宙的观点之间的不同之处越来越少，而不是愈发地显而易见；所有的观点在理解多重宇宙方面都具有重要意义。最重要的一点——在过去的二十多年间发生的一次引人注目的变化，就是科学界目前开始重视这些观点，不再把它们视为理论学家阅读了太多的科幻小说后产生的胡思乱想。当前，越来越多的证据摆在我们面前，这一事实也就变得越来越难以忽视，那就是，真正的世界不仅仅是我们可以直接看见的宇宙，它涵盖了更多的内容。

尽管目前理论学家正在研究的多重宇宙的观点之中，尚未有一种观点被证实是正确的——即使不可能证实它们是正确的还是错误的——但这是一个视角的转变，其意义之重大不亚于颠覆地球中心说的观点。而且，它还与一个问题相关，即宇宙是偶然出现的，还是设计而成的。同时它也提供了一个不同于我最初的预期的答案。就多重宇宙这个概念而言，目前仍然是问题多于答案，但很显然，现在我们应该去弄清楚这些问题了，也应该了解探寻答案的过程是如何进行的。

导　言

在广袤无垠的宇宙中，一切皆有可能

五百年前，人们普遍认为宇宙是很渺小的，而我们的家园——地球是宇宙中最重要的部分，同时也是宇宙的中心。太阳和五大已知行星（水星、金星、火星、木星和土星）都是环绕地球轨道运行的较小天体。地球被一个球形壳包围着，这个球形壳位于行星运行的轨道之外，且每天自转一次，而星星是附着于这个球形壳上的光点。除了昼夜更替和季节变换，这种结构似乎是永恒不变的。那种认为除地球之外还存在其他世界的观点简直就是异端邪说。16 世纪末，布鲁诺（Giordano Bruno）被烧死在火刑柱上，就是因为他的思想与主流天主教学说背道而驰。他认为发光的星星都和太阳相似，宇宙中一定存在着其他类似地球的星体，生命也不仅仅是地球的专利——尽管这些信仰并不是给他定罪的主要原因。

即使是在古代，也曾有哲学家猜测地球是绕着太阳旋转的，但是 16 世纪以前，这种观点从未得到广泛认可。1543 年，随着哥白尼（Nicolaus Copernicus）的著作——《天体运行论》（*De Revolutionibus Orbium Coelestium*）的发表，人们的观点发生了变化。正是哥白尼锲而不舍的深入研究，使我们形成了现代宇宙观。他的想法的令人震惊之处，不仅在于他提出了日心说（地球绕着太阳转）的假设，更在于这一假设的隐含意义：地球只不过是绕太阳公转的众多行星中的一颗；在太空中，其他行星可能与我们的家园——地球一样重要。

哥白尼另外一个令人震惊的观点是，他认为太阳并不是天空中最重要的天体，它只不过是一颗普通的恒星。1576年，托马斯·迪格斯（Thomas Digges）在英国用望远镜观测银河系时，观测到了大量的恒星。他在一本名为《永恒的预言》（*Prognostication Everlasting*）的书中写道，宇宙是无限的，恒星遍布其中。16世纪80年代，旅居英国的布鲁诺接受了这些观点。同样，伽利略（Galileo Galilei）和开普勒（Johannes Kepler）的研究也是以哥白尼的观点为基础的。17世纪，天文学家开始估算恒星间的距离，他们猜想，每一颗恒星都像太阳一样明亮，但是，因为这些恒星距离我们非常遥远，所以看起来光线才会非常微弱。1728年，艾萨克·牛顿（Issac Newton）估算出天狼星与地球之间的距离约为太阳与地球之间距离的一百万倍。这个推算与现代技术测量的距离相差无几。当时，随着人们对行星运行轨道的科学理解，天文学家开始利用几何技术计算太阳和行星间的距离，他们已经知道太阳距地球约1.5亿公里（用现代技术测量是149 597 870公里），而土星——古人认为离太阳最遥远的行星，与太阳的距离约为地球距太阳的十倍。短短两百年间，本来是完全以地球为中心的宇宙，在天文学家的眼中已经缩水，成了广袤无垠的宇宙中的小小一隅。

这些观点的消化吸收又经历了两百年，与此同时，望远镜、天文摄影和光谱学技术得到了长足发展，由此引发了天文学的下一个重大飞跃。两百年间，在土星的运行轨道之外，天文学家又发现了太阳系中的其他行星（天王星和海王星）。同时，恒星间距离的精确测量技术也在不断发展进步，天文学家可以利用光谱测量恒星的物质构成。与这两项技术相比，太阳系中更多行星的发现就显得无足轻重了。20 世纪 20 年代之前，这些技术使我们了解了地球在宇宙中的时空方位。

托马斯·迪格斯从小型望远镜中看到，我们称之为银河系的光带是由无数恒星组成的。几十年后，伽利略在对迪格斯的研究一无所知的情况下，独自得出了相同的结论。迪格斯认为望远镜中观测到的星群是向四面八方分布并无限延展的。早在 1750 年，英国达勒姆郡（Durham 位于英国东北部）的天文学家托马斯·怀特（Thomas Wright）在他的著作《宇宙新猜想》（*An Original Theory or New Hypothesis of the Universe*）中指出，银河系所形成的横跨天空的光带是一个尺寸有限的圆盘形系统，其形状就如同磨坊里的磨盘。该理论的关键之处在于：太阳并不是由恒星所构成的盘面的中心；而且从望远镜中观测到的模糊光块，现在我们称之为星云，位于银河系之外。

怀特的理论推理遥遥领先于他的时代，但由于 18 和 19 世纪技术水平的限制，他的理论无法通过天文观测加以验证，因此他的作品后来几乎无人问津。直到 20 世纪，人们通过观测发现，银河系的结构竟然与怀特所提出的假设不谋而合，除此之外，人们对于自己所生活的宇宙的本质也有了更为深入的了解。

20 世纪 20 年代以后，通过天文观测，我们已经知道银河系的确是一个近似圆盘形的系统，它包含数千亿颗恒星，每颗都与我们的太阳类似，引力把它们聚集到了一起，它们围绕着共同的中心（银河系的中心）在各自的轨道上运行。这一圆盘的直径大约为 10 万光年（用天文学家常用的单位表示，约为 30 千秒差距），因此，如果光以每秒近乎 30 万公里的速度行驶，要横穿这个圆盘需要 10 万年（1 光年大约是 95000 亿公里）。太阳位于这个圆盘的平面上，距银河系的中心大约 3.3 万光年，太阳附近的圆盘平面，厚度约为 1000 光年（约 300 秒差距）。这些令人印象深刻的统计数据，远远超越了前哥白尼学说的宇宙观。但是，如果再看看接下来的发现，我们对于银河系的惊叹就变得苍白无力了：整个银河系只不过是浩瀚太空中的一个小岛，作为众多星系中的普通一员，它是很难引起人们关注的；同样，太阳也只不过是众多恒星中甚为普通的一员而已。

怀特关于银河系本质的观点是正确的，与之类似，他对星云的猜想，即星云——至少部分星云——位于银河系之外，也被证明是正确的。虽然有些星云只不过是银河系中发光的气体和尘埃，至今也被叫做星云，但我们现在称那些**“外部”星云**为**“星系”**。星系有不同的形状和大小，而银河系是已知的类圆盘星系中的近乎中等大小的成员。我们的地球围绕一颗普通的恒星运转，这颗恒星只不过是一个普通星系中上千亿颗恒星中的一颗，而我们所在的星系也只不过是上千亿星系中的普通一员而已。我们在宇宙中的位置毫无特殊之处。这就是我们对地球在宇宙中的地理位置的最基本的认识。

据估计，虽然我们只对几千个星系进行了系统研究，但原则上说，当今的望远镜可以观测到上千亿个星系。它们以**星系团**的形式分布在整个可见宇宙，最遥远而且可拍摄到的星系的光芒要穿越超过 100 亿光年的路程才能到达我们的望远镜。这和我们所说的这些星系距地球 100 多亿光年可并非一回事，因为根据 20 世纪 20 年代的另一重大发现，星系团正朝着相反的方向移动，彼此间相距越来越远。宇宙正在膨胀，所以，经过 100 亿年，这些光到达我们这里时的距离已经与这些光刚刚从它们的星系出发时距我们的距离不一样了。

宇宙膨胀（理论）是了解我们在宇宙史中地位的关键。人们无意中发现宇宙在不断地膨胀，但实际上阿尔伯特·爱因斯坦（Albert Einstein）的广义相对论已经推算出这一现象，然而，他忽视了这一推算结果。20 世纪 20 年代晚期和 20 世纪 30 年代早期，美国天文学家埃德温·哈勃（Edwin Hubble）对测量星系间的距离产生了兴趣，他与同事米尔顿·赫马森（Milton Humason）一起，发现星系间的距离与其光谱特征的红移成正比。这种红移顾名思义是指——光谱特征向光谱的红（长波）端的移动（这种移动是相对于实验室中测量的位置的移动）。哈勃并不关心发生红移的原因，也没有试图解释它——他只对如何利用红移来测量距离感兴趣。但不久后，其他天文学家意识到，产生这种效果的原因在于，随着时间的推移星系间的空间（严格地说，是星系团间的距离）在延伸（即星系间的距离在变大）。

宇宙学红移为何能如此之快地得到这种解释？原因在于，爱因斯坦20世纪20年代提出的广义相对论能够自然地推算出这种**空间延伸效应**。那时，大多数人仍然认为银河系就是整个宇宙，银河系肯定不会膨胀。因此，爱因斯坦曾在自己的方程中额外加入了由希腊字母兰布达（Λ）表示的参数，常被称为“宇宙学常数”。如果去掉这个常数，广义相对论方程就会很自然地推算出宇宙[1]在不断膨胀，而且这种膨胀方式与星系观测所观测到的膨胀方式是完全相同的。这种膨胀的确是由空间本身的延伸导致的，领会到这一点至关重要。尽管通过**多普勒效应**，星系的空间移动有可能产生红移（和蓝移），但是星系的空间移动并不能产生宇宙学红移。红光比蓝光的波长更长，而且由于我们的地球与遥远星系之间的空间在延伸，光波在到达地球的旅程中被拉长了，因此产生了宇宙学红移。

这种膨胀的一个重要特点是，它没有中心，与炮弹碎片从爆炸点向外扩散的方式不同。尽管天文学家知道星系的空间移动并不能产生宇宙学红移，但是为了便于同多普勒效应类比，天文学家引入了一个**等效速度——“退行速度”**，使得由星系的空间移动产生的红移同宇宙学红移具

〔1〕 我用“宇宙”这个术语来指代我们原则上能够看到的所有的一切。“宇宙”一词用来指对时空区域的可能行为的数学描述（数学模型），而且它还指可能存在于超越我们的空间和时间之外的其他的世界。广义相对论所描述的膨胀的宇宙是一个模型，但它与真实宇宙的行为相符。

有相同的效果。在这里，速度与星系距我们的距离成正比——而且速度与任何星系间的距离都成正比。我们并非处于宇宙的中心，而且宇宙也没有中心。

一个简单的比喻就能使这一点清晰明了。想象一个球体，如篮球，上面点缀着许多随机点的油漆点。如果球体尺寸增加一倍，每一个油漆点好像都会朝着远离相邻的油漆点的方向移动。无论你选择从哪个点来衡量，其他点都似乎正在后退。这又是一个可以证明地球在宇宙中并非占据特殊位置的例子。地球并非处于一个特殊位置，它似乎是位于一个非常普通的地方，如此普通以至于俄罗斯宇宙学家亚历克斯·威廉金（Alex Vilenkin）造了一个新词**“地球般的平庸”**来描述我们的位置。

星系在空间中彼此互相远离的运动，似乎始于一次大爆炸的中心位置，虽然这种运动并不能形成宇宙学红移，但是，如果我们采取逆向思维来看待宇宙的膨胀过程，我们就会看到，宇宙学红移的发现，从表面上看，确实意味着很久以前我们周围可以看到的一切都被压缩到一个体积极小的空间中。那些描述当今宇宙膨胀的类似的等式也证实了这一点。现代科学对宇宙膨胀的测量和数学模型都表明，整个可见宇宙起源于 137 亿年前的一个炙热的**能量火球**，其体积比原子还小。

这个数字的精确度一直受到人们的关注。早在 20 年前，宇宙学家就争论“宇宙的年龄”到底是接近 100 亿年，还是接近 200 亿年，这场争论有时是非常激烈的，而把宇宙的年龄确定为接近 200 亿年，会给那些没有参与这场争论的人留下深刻印象。现在，这一数值已经非常明确，几乎没有改变的余地了，宇宙的年龄肯定是介于 136 亿年和 138 亿年之间。宇宙是从一个极小的起点大爆炸形成的，称为宇宙**大爆炸**。这个术语出自英国宇宙学家弗雷德·霍伊尔（Fred Hoyle），他杜撰这个词的初衷是为了嘲弄这种他认为非常荒谬的想法，然而，现在这个词已经得到广泛使用——即使宇宙并非起源于大爆炸，甚至没有任何东西发生爆炸。

宇宙的年龄是有限的，有证据表明随着时间的推移宇宙也在发生变化（“演化”）。以上两点使我们置身于宇宙史中。从某种意义上说，原来我们确实处于宇宙历史的某个特殊的时刻，尽管这种观点与地球平庸的观点（有时称之为“原则”）并不矛盾。正如我将会在本书中解释的那样，恒星和星系的演化以及构成我们身体的化学元素在恒星上的形成都是需要时间的。太阳和地球的年龄约为45亿年，因此它们诞生于宇宙大爆炸后的大约90亿年。这一时间点正是类似地球这样的富含构成生命的化学成分的行星得以形成的时间点。从这个意义上说，地球形成于一个特殊的时间点，但没有理由认为当时只形成了地球一颗行星。

这使我们回想起布鲁诺。布鲁诺猜想宇宙中充满了无数的恒星和行星，每一颗恒星都与太阳类似，很多行星上都有生命。他写道：

> 在太空中有无数的星座，有些是类似太阳的恒星，有些是行星；我们只能看到恒星，因为它们发光；行星是不可见的，因为它们都很小而且是黑暗的。宇宙中还有无数的“地球”在围绕它们的“太阳”旋转，这些“地球”并不比我们的地球差，和我们的地球同样重要。

这是一个早期有关“**多世界**”假设的例子，“世界”这个词有多种含义，此处世界是“行星”的同义词。17世纪初，如果你拥有一架足够强大的望远镜，原则上说，你肯定能从地球上看到其他的世界，甚至是所有的世界；如果你有耐心，经过一段很长的旅程，你甚至能够拜访这些世界。恒星都集中在像银河系这样的星系中，这个事实并不影响布鲁诺论点的要旨；但他却不知道宇宙诞生于过去的某个确定的时间，他也不知道光速是有限的。这些事实确实改变了我们对“多世界”意义的理解，到底“多世界”能否被我们观测到？我们的看法也改变了。

17 世纪下半叶，通过对木星卫星的日食观测，丹麦人奥莱·罗默（Ole Rømer）确立了光速的有限性；20 世纪初期，爱因斯坦确立了光速是极限速度，什么都不能超越光速这一事实。由于宇宙诞生于 137 亿年前，大爆炸后光线穿越空间的距离应该是有限的。这段距离并非 137 亿光年，因为正如我们所看到的，自从光踏上旅程以来，空间在不断膨胀。由于这个原因，细心的天文学家更喜欢使用术语“**回顾时间**”而不是“距离”。但无论使用什么术语，都不影响我们所探讨的问题。从我们的角度来看，即使我们拥有完美的望远镜，我们在宇宙中所能观察到的距离，也就相当于 137 亿年的回顾时间。来自宇宙中更遥远地方的光线还没有足够的时间到达我们这里。但这些光线是有可能到达我们这里的！如果从现在算起的 10 亿年后，地球上能有些聪明的观察者，他们将能够看到距离我们相当于回顾时间 147 亿年的天体。**空间泡泡**一直都在增大，原则上说，它能够为我们所知，并且会影响我们。

这一点同样适用于宇宙中以任何星系为中心的空间泡泡。如果宇宙的确是无限的，应该存在着无数个这样的泡泡，它们有的互相重叠，有的彼此完全分离，但所有的泡泡都处于由时间和空间构成的同一个宇宙中。从布鲁诺给世界下的定义看，有可能确实存在着无限数目的世界，但永远也不会有一个观察者能够了解所有的世界。

尽管我们所看到的宇宙体积是有限的，但宇宙很有可能是无限的。当宇宙学家谈及宇宙起源于一个比原子还小的能量火球时，他们所说的宇宙指的是整个可见宇宙。原始的超密状态可能本身就已经无限大，而我们的可见宇宙可能只代表了这个无限区域中微小的一部分而已，该区域已经膨胀到一个比原来大得多的尺寸。这一点我会在本书第五章中探讨。

无限数量的世界允许无限数量的变化，事实上，就会存在无限数量的相同的复制品。从这个意义上说，在一个无限的宇宙中，一切皆有可能，即会存在无限数量的“地球”，在那里生存着与你我完全相同的人类，他们像我们一样生活在那些“地球”上；还会有无限数量的其他的“地球”，在那里，你是首相，而我是国王，等等。但是这些类似地球的星球光临“我们的”泡泡的概率微乎其微。根据美国宇宙学家马克斯·泰格马克（Max Tegmark）的计算，离我们最近的“另一个”你可能生活在一个非常遥远的泡泡里，如果用米表示这段距离，你需要在一个数字后加上1029个零——不是29个零，而是10的29次方个零。与之相比，可见宇宙中全部恒星和星系的原子的总数量仅仅约为10的80次方，即1后面有80个零。

如果这就是有关多重宇宙的所有观点，写这本书就毫无意义了。但是，关于多重宇宙，还有更多可供探讨的内容——多得多。有争议的是，存在于同一个不断膨胀的空间和时间中的其他泡泡，并不被看作是其他的宇宙，它们只不过是我们宇宙中无法到达的地方。真正的多重宇宙的观点与我们对科学的核心理解发生了碰撞，从而引出了许多难题，如物理定律为什么是这样的？为什么宇宙是一个能够孕育生命的舒适的家。尤其是第二个问题，一百多年前，引发了一场争论，在这场争论中**“多重宇宙”**这个术语第一次用于天文领域。但从那以后，这个词已经有了许多不同的含义。在进一步阐释多重宇宙之前，首先要弄清楚我所说的多重宇宙到底是什么意思，这一点至关重要。

根据《牛津英语词典》，1895年，美国心理学家威廉·詹姆斯（William James）〔小说家亨利·詹姆斯（Henry James）的哥哥〕最早使用了“多重宇宙”这个词。但他当时感兴趣的是神秘主义和宗教体验，而不是宇宙的物理本质。同样，虽然这个词出现在G.K.切斯特顿（G.K.Chesterton）、约翰·考珀·波伊斯（John Cowper Powys）和迈克尔·莫考克（Michael Moorcock）的著作中，却与科学一点也不沾边。在我们看来，这个词第一次非常有趣地用于科学领域源于艾尔弗雷德·拉塞尔·华莱士（Alfred Russel Wallace）提出的一个论题。1903 年，华莱士出版了《人类在宇宙中的位置》（*Man's Place in the Universe*），这本书进一步拓展了他发表于报纸上的两篇文章中的观点。在此书中，他提出进化是自然选择的结果。但与达尔文（Charles Darwin）的观点截然不同，他还认为“不仅在太阳系，而且在整个恒星宇宙中，我们的地球是唯一有人居住的星球”。与达尔文不同，华莱士从事宗教劝导工作，在探讨“**假定的世界的多元性**[1]”时，他的判断也许会带上宗教色彩。但是，我们应该看到，在研究“我们的存在”这个谜题时，他所使用的方法是非常现代的。他写道：

> 多年来，我特别关注的问题是地质时代的测量、温和的气候以及在所有地质时代中都普遍存在的相同的条件。但是鉴于同时存在的起因的数量和保持这种一致性所需要的各种条件的微妙的平衡，我更加坚信，所有的证据都充分否定了存在其他可居住星球的概率和可能性。

我们的生存需要一连串的巧合，这是第一次对这些巧合所做的正式的、科学的解释。从这个意义上说，艾尔弗雷德·拉塞尔·华莱士应被视为“**人择宇宙学**”（我们现在的说法）之父。

华莱士的书引发了一系列争论。其中，公开反对他的结论的有 H. G. 威尔斯（H. G. Wells）、威廉·拉姆齐（William Ramsay）（惰性气体氩的发现者之一）和奥利弗·洛奇（Oliver Lodge）。洛奇是一名物理学家，他为收音机的发展做出了开创性的贡献。正是洛奇使用了“多元”这个术语，但是他的多元是指行星的多元，而不是宇宙的多元。

---

〔1〕 华莱士自己所做的强调标记。

科学界将这个词遗忘了半个多世纪。随后苏格兰业余天文学家安迪·尼莫（Andy Nimmo）重新创造了这个词。尼莫是英国星际学会苏格兰分会的副主席，1960 年 12 月，他正准备在这个分会发表讲话，探讨美国人休·埃弗莱特（Hugh Everett）提出的一个有关量子理论的新观点。这就是对量子物理的**“多世界诠释”**，在这里“世界”这个词是“宇宙”的同义词（从此处开始，本书中所提到的世界也是这个意思）。但是由于词源的原因，尼莫反对使用“many universes”（许多宇宙）。因为“宇宙”这个词的本义是“所有存在的一切”，如果宇宙指的是所有存在的一切的话，你所能拥有的宇宙就不可能超过一个。1961 年 2 月，为了在爱丁堡（Edinburgh）发表演讲，他发明了词语“multiverse”（多重宇宙）。“multiverse”的意思是“许多世界中的一个”。用他自己的话说，他想用这个词来表示“一个显而易见的宇宙，一种多样性，这种多样性可以构成一个整体……你可能会居住在一个充满了多重宇宙的宇宙中，但从词源意义上说，你却不能生活在一个包含‘很多宇宙’[1]的多重宇宙中”。

呜呼哀哉，都是词源惹的祸。后来，“multiverse”这个术语时常被提到和使用，但是，以后的意义却与安迪·尼莫所要表达的意义大相径庭了。1997 年，这个词的现代用法得到了广泛使用。当时，戴维·多伊奇（David Deutsch）发表了《真实世界的脉络》（*The Fabric of Reality*）。书中，他说，“造 multiverse（多重宇宙）这个词的目的，是为了把物理现实表示为一个整体”。他还说，“这个词其实并不是我发明的。休·埃弗莱特的支持者们都在非正式地普遍使用这个词，我记得我只不过是借用而已”。他在此书中用了戴维·多伊奇对“multiverse”诠释的意义。

〔1〕 此处的 universes 指的是 universe 在词源上的意义——译注

现在，这种意义也是对其他的世界[1]感兴趣的所有科学家所采用的意义。“multiverse”就是存在的一切；一个“universe”（宇宙）是一群特定的观察者可观察到的“multiverse”（多重宇宙）的一部分。“我们的”universe（宇宙）是我们周围所能看到的宇宙。由此可见，要研究多重宇宙，还有什么能比从研究休·埃弗莱特本人开始更好的呢？

〔1〕 我建议所有受到冒犯的词源学家参考一下汉普·达谱（Humpty Dumpty）在《由镜中看世界》（*Through the Looking Glass*）中所做的评论。“当我使用一个词的时候，”他嘲讽说，“它的意思恰恰就是我想要它表示的意思，不多也不少。”

chapter

1

即将到来的量子猫

既不是波也不是粒子 / 量子的不确定性 / 唯一的谜 / 解读不可思议的事物 / 量子猫之母 / 休・埃弗莱特的多世界诠释 / 历史的分支树 / 埃弗莱特从无人问津到炙手可热

量子物理学是研究支配微观物体运动规律的科学——这些微观物体基本上约为原子般大小，有的甚至比原子还小。为了让大家更清楚地了解微观物体的大小，让我们来看看下面这个例子。每张邮票上都有锯齿，要想连接两个相邻锯齿的顶点，需要大约1000万个原子并排排成一线才能实现。在一个层面上，支配如此微小物体的物理定律有别于支配人类这么大的物体的物理定律（牛顿于17世纪发现）是不足为奇的。牛顿物理学描述的物体运动包括诸如台球在桌面上滚动并互相碰撞，波在池塘的水面上泛起涟漪扩散开来，或是向火星发射火箭这样的运动。但在另一个层面上，令人极为震惊的是，量子物理学原来与牛顿物理学是迥然不同的——这些差异不光体现在小的方面，实际上，它们有着本质的差异。话又说回来，毕竟诸如台球、池塘中的水、火箭这样的物体都是由原子构成的，那么，为什么整体的行为和构成整体的个体的行为存在着如此大的差异呢？

对于这个问题，至今仍然没有一个完全令人满意的答案。倒是有几种可能的答案，这几种答案都是有充分根据的，但这种情况本身就很难令人满意。而且凭我们的日常经验，没有一个答案是"合情合理的"。关于量子物理学，我们最需要关注的就是这一点。量子物理学超越了我们的日常经验。人类的大脑根本无法理解诸如光和电子这样的**量子实体**"到底是什么"。我们所能做的就是做实验，并且通过与日常世界中我们认为自己已经知道的事物进行类比，来解释实验结果。

丨 既不是波也不是粒子 丨

在某些实验中，光的行为似乎与池塘里涟漪的行为很相似；在另一些实验中，它似乎又很像一串微小的台球。但是，这并不意味着光“是”一种波或“是”一种粒子，甚至也不能说明它是一种波和粒子的混合物。从某种角度看，光像波，具有波的性质；从另一种角度看，光像粒子，具有粒子的性质。因此，光是一种我们无法想象的物质。同样，电子和所有其他量子实体也是如此。或许，由于人类的经验有限，我们问错了问题。但是，至今我们仍然固执地问着问题，坚守着我们已经得到的答案。

早在 1928 年，物理学家亚瑟·爱丁顿（Arthur Eddington）就对这种状况进行了总结，他在《物理世界的本质》（*The Nature of the Physical World*）中写道：“我们所熟悉的概念没有一个能够解释电子，某些我们现在还不知道的东西在支配着它。”他指出，“我曾在什么地方看到过类似的东西——有（一）天皇里，那些活济济的貐子在卫边儿尽着那么跌那么霓”。[1]

对于电子的理解，80 年来没有发生过变化。我们仍然不知道电子（或其他量子实体）到底是什么，也不知道它们的行为方式。

事实上，如果我们摒弃头脑中光与波和粒子的联系，就会更有利于我们用《无聊话语》中的语言理解量子物理学中的一切，电子肯定会更

〔1〕 亚瑟·爱丁顿引自路易斯·卡罗（Lewis Carroll）的著作《无聊话语》（*Jabberwocky*）。译文引自赵元任译《阿丽思漫游奇境记——附：阿丽思漫游镜中世界》（英汉对照），商务印书馆，北京，1988。原注：这首诗中有许多生造的字，故译文作相应处理。

易于我们理解。即使我们不知道量子实体到底是什么，也不知道它们的运行机制，但是，只要知道当以某种方式刺激它们时，它们肯定会有所动作，物理学家们就可以利用量子实体。这一点是非常吸引人的。这就像只要你掌握了如何使用操控装置，就能学会开车一样，你根本一点也不用知道引擎罩下到底是怎么回事。

此处仅举两个例子。计算机芯片现在几乎已经应用于所有领域，从你的手机到用来预测天气的超级计算机，而计算机芯片的设计离不开量子物理学；另外，DNA 和 RNA 是构成生命的大分子，量子物理学还能够解释像 DNA 和 RNA 这样的大分子是如何工作的。研究量子物理学，不仅仅是不谙世故的科学工作者的一个晦涩难懂的业余爱好，它给我们带来的好处是直接而实用的。但是，在这本书中（除了第三章的一部分），我更关注的是量子物理学晦涩难懂的部分和（如果你喜欢的话）量子物理的哲学含义。再没有比**薛定谔的猫**以及由它衍生出来的猫的故事更古怪的了。但在我们探讨这些猫之前，首先要了解一些基本的量子物理学知识。

上文已经提醒你量子实体既不是波，也不是粒子，更不是波与粒子的混合物。作为我们理解量子世界的向导，我们的日常经验是多么的匮乏呀。要想深入了解**次原子**层面上发生的事情，最好的方法就是思考这些实体是怎样像波和粒子那样运动的。这至少可以帮助我们简单地了解**不确定性**——不确定性是量子世界最重要的特征之一，同时又是我们无法根据常识理解的。

量子的不确定性

在量子物理学中，不确定性是确定不移的。一个量子实体拥有两个参数，称为**共轭变量**，不可能在同一时间精确测定两个变量的确定值。你对特性 A 的了解越精确，对特性 B 的了解就越不精确，反之亦然。我们不能把责任归咎于我们还不完善的测量设备。这是 1927 年物理学家沃纳·海森堡（Werner Heisenberg）发现的一种自然规律，后来被称为海森堡的**测不准原理**。最重要的共轭变量对是位置 / 动量和能量 / 时间。

海森堡描述的典型例子是位置 / 动量关系。在这种情况下，动量就相当于**速度向量**，速度向量描述的是某物运动的速度和方向。海森堡发现，诸如电子这样的实体，其位置的不确定性乘以其动量的不确定性，始终大于一个特定的（极小的）数值，**普朗克常数**除以 2π。只要你愿意，原则上，你可以尽可能接近此限制。但是，你对诸如电子这样的量子实体的位置确定得越精确，你对这个电子将去向哪里就越不确定。电子的动量（或速度向量）确定得越准确，它的位置就越不确定。这种不确定性是电子（或其他量子实体）本身的一种属性。电子自己也不能同时“知道”它在哪里和它将去向何方。

这就是波和粒子的类比的用处所在。但请记住，这只是类比。波是可以扩散的。它很可能以确定的速度朝着一个确定的方向扩散，但它无法位于一个点上。如果一个粒子足够小，那么这个粒子几乎可以位于一点上，条件是它不能以明确的动量运动。但是，如果它运动了——如果它有一定的动量的话，它就不会位于一点了。受到环境的限制，一个量子实体的行为方式越像波，它就越不可能停留在它原来的位置上；它的行为方式越像粒子，它的运动方向就越不确定。

概率是描述粒子的标准方法。如果一把电子枪朝着荧光屏的方向发射了一个电子，像在旧式电视机的阴极射线管中一样，当电子离开电子枪的那一刻，代表它的波就会在空间中扩散开来，因为它的位置是不确定的。量子物理学规律告诉我们，原则上，电子最终可能位于宇宙中的任何地方；但有一个很大的概率，那就是它很可能会撞击荧光屏，并在屏幕上制造一个光点。它制造光点的那一瞬间，其位置的不确定性就会大大缩小到电视屏幕上光点的大小。这就是所谓的**波函数的坍缩**。然后，这个波会从新位置开始扩散。除非电子被紧紧锁定在原子中，或者电子被其他方式捕获，随着时间的推移，它的位置会变得越来越不确定。如果它已经被锁定在原子中，它仍然会受到量子不确定性的制约，但这与我们寻找多重宇宙没有直接关系。

唯一的谜

所有这一切都很难令你的大脑信服。但量子世界的本质可以用一个简单的实验概括，这个实验中有一个空白挡板，在这个空白挡板上有两个小孔，向这两个小孔中射出光线，或电子束。理查德·费曼（Richard Feynman）曾因在量子理论方面做出的贡献获得过诺贝尔奖，他说这个实验“揭示了量子力学的核心。事实上，这个实验蕴含着量子力学中唯一的谜”。[1] 如果你发现你仍然无法说服自己的大脑，让它明白这个双孔实验到底是怎么回事，他还评论说：“我想我可以有把握地说，没有人理解量子力学……没有人知道它怎么会是那个样子的。”[2] 所以，和你一样，很多人也有相同的苦恼。

这个双孔试验也被称为双缝实验，因为做这个实验时，这两个孔可以是用剃须刀在一张卡片或纸上划出的两条平行的缝。在暗室中，光线

---

〔1〕 理查德·费曼，罗伯特·雷顿（Robert Leighton）和马修·山德士（Matthew Sands），《费曼物理学讲义》（*The Feynman Lectures on Physics*），第三卷，艾迪生－韦斯利出版社，马萨诸塞州，1965年。术语“量子力学”基本等同于“量子物理学”。

〔2〕《物理之美》（*The Character of Physical Law*）。

通过这两条狭缝照射出来，从而在卡片的另一边开始扩散，正好扩散到另一张卡片上，并在这张卡片上形成一种图案。这种图案呈明暗相间的条纹状。19 世纪，人们是这样解释这种现象的：光波从两个缝隙中扩散开来，并且互相干扰，这就像把两个鹅卵石同时扔到一塘静水中，所产生的涟漪相互重叠着扩散开来一样。当波以同一步调扩散的时候，它们的力量就会相加，从而形成明亮的条纹；当波不是以同一步调扩散的时候，它们的力量就会相互抵消，从而形成暗条纹，这似乎能确凿地证明光是一种波。

但 20 世纪初，爱因斯坦证明，光的行为就像一串粒子流。这一过程被称为**光电效应**，在此过程中，射到金属表面的光把金属表面上的电子激发出来。射出的电子的能量值是特定的，爱因斯坦对它的解释是：因为光以粒子的形式照射到了金属表面，这种粒子现在被称为**光子**，而且每一个粒子都具有一定的能量。顺便提一句，正是因为他的光电理论，而不是相对论，爱因斯坦获得了诺贝尔奖。

因此，对于光，你可以做两种实验，一种实验表明光的行为方式像波，而另一种实验表明光的行为方式就像一串粒子流。在研究电子时，同样证明了电子既像波又像粒子，但证明顺序颠倒了过来，首先证明的是电子是粒子，然后才证明电子是波。

19 世纪末，J. J. 汤姆森（J. J. Thomson）在剑桥指导了一项实验。实验证明电子是粒子，得到了各方的认可。但 20 世纪 20 年代，由一些研究人员，其中包括 J. J. 汤姆森的儿子乔治・汤姆森（George Thomson），进行的实验却表明电子的行为方式像波。因为证明电子是粒子，J. J. 汤姆森获得了诺贝尔奖；因为证明电子是波，乔治・汤姆森也获得了诺贝尔奖。没有什么比这更能概括量子世界的非常识性了。

今天，双孔实验已经演化出了多种版本，而且这些实验都做到了非常精细的地步。例如，在不同的实验中，可以发射单实体，如光子或电子，使之通过这两个孔，一次通过一个。本书中，我将描述发射电子得到的实验结果，但也曾有人对光子做过完全相同的实验。实验中，我们不是在孔的另一边放一张卡片，而是放一个类似电脑显示器那样的监测屏幕。电子每次到达这个监测屏幕的时候，它都会记录下一个光点，并且在屏幕上保留这个光点。随着越来越多的电子的到来，这些光点就会构成一种图案。研究人员在做这项实验的时候，每一个电子都是以一个粒子的形式到达屏幕的，而且每个电子都会在屏幕上形成一个光点。但随着成百上千的电子相继通过实验中的孔，在屏幕上所形成的图案就成了一种**干涉图案**，这是实验中波扩散形成的典型图案。

每个电子看来不仅是一次穿过两个孔然后互相干涉，而且还会在干涉图案上给自己找到合适的位置。这个位置位于先于它或在它之后到来的电子的旁边。无论是在空间上（两个孔），还是在时间上，量子世界的实体似乎了解整个实验。

在另一项实验中，实验者可以设置监测器来观察这两个孔，监视每个电子到底穿过了哪个孔。当他们这样做的时候，他们从未发现一个电子可以同时通过两个孔。他们只看见这个电子不是穿过这个孔，就是穿过那个孔。而且当他们这么做的时候，从未出现过干涉图案。屏幕上的光点会形成两个斑块，每个孔后面都有一个，如果你把电子看成是粒子的话，你就会想象出它会形成怎样的斑块了。电子似乎也知道是否有人在监视着它们——同样，光子和所有其他的量子实体都有这样的表现。

这就是为什么费曼说，双孔实验可以揭示量子物理学的核心，而且没有人知道它为什么是那样的。我们最好还是像谈论“有（一）天皇里，那些活济济的猞子在卫边儿尽着那么跌那么霓”一样，谈谈双孔实验中的电子吧。尽管我们不明白量子世界内部到底是怎么运转的，但量子力学方程式使我们可以精确描述正在发生的事情。例如，如果知道了在何种情况下电子会像波那样运动，而且也知道了电子在何种情况下会像粒子那样运动，我们就可以设计出电脑芯片。这看起来很荒唐，但确实奏效。

| 解读不可思议的事物 |

因此，人们试图用他们可以理解的图像的方式来解释它是如何运作的。这些方式被称为**量子物理学诠释**。首开先河的是**哥本哈根诠释**，因为做出这种解释的科学家大都在哥本哈根工作，故此得名。从 20 世纪 30 年代至 20 世纪 80 年代，这是关于量子世界的标准思维方式，而且至今仍在广泛传授。但在解答了许多问题的同时，它也引发了同样多的问题。

根据哥本哈根诠释，如果我们没有观察原子、电子和其他的量子实体，就想知道它们在做什么，这是毫无意义的。而且，我们永远不能确定某个量子实验的精确结果。我们所能做的是计算一项特定的实验会出现一种特定的结果的概率。这就跟你玩掷骰子时完全一样，如果你掷出一个真正的骰子，得到 12 分的概率是确定的，另一个确定的概率是你可能获得 5 分，等等。与此同时，你还知道你永远不会得到 17 分或 4.3 分。在量子实验中，也会发生同样的事情。有些结果更可能出现，有些出现的概率很小，有些是不可能出现的。

掷骰子的时候，也许你事先不知道你掷的总分，但即使你没有看到骰子，你至少知道骰子会在那里。哥本哈根诠释认为，不观察量子实体的时候，它们就会转变成一种波的混合物（有时称之为**波函数**），它代表不同的概率。这种混合物被称为**叠加态**。进行一次测量，这次测量行为就迫使量子实体在这些状态中选择一种状态，当然这要符合这些状态的概率，随后波函数就坍缩了。但只要测量已经完成，量子实体马上就会再次开始转变成一种混合物，从而形成一种新的叠加态。

仔细观察双孔实验，哥本哈根诠释认为，只要实验一端的这个电子一离开电子枪，就会转变成一种叠加态，即波会通过两个孔。波一穿过这两个孔，它们就会互相干扰，产生一种新的叠加态。随后，当到达目标屏幕时，这种波函数就会坍缩成一个点，而电子就会成为一个真正的粒子，至少暂时如此。然而，如果我们设计实验，想看看到底电子要穿过哪个孔，这种观察行为会迫使波函数在其中的一个孔中就坍缩了，然后，在实验的另一边它会从一个位置扩散开来，这种扩散没有干扰，会形成一种不同类型的图案。

亨氏·帕赫尔斯（Heinz Pagels）在他所著的《宇宙代码》（*The Cosmic Code*）中，已简洁地概括了这种情况。他的评论值得我们引述，因为当时他任纽约科学院主席，肯定知道自己在说什么。他说，根据哥本哈根诠释：

> 一个离开了人类的实际观测谈论位于空间的某一位置（如位于两孔中的一孔）的电子的客观存在是毫无意义的。只有当我们观察电子的时候，电子好像才会突然以实物的形式出现……现实有一部分是由观察者创造的。

你可能认为这真是太荒谬了。如果你真这样认为，那你跟埃尔温·薛定谔（Erwin Schrödinger）的想法不谋而合。由于在量子物理方面的工作，物理学家埃尔温·薛定谔也曾获得过诺贝尔奖。他痛恨哥本哈根诠释（有一次，他曾经和父亲谈到量子理论，他说，“我不喜欢它，并且我希望我从来没有和它扯上关系”），为了凸显哥本哈根诠释的荒谬性，他虚构出了著名的“箱子里的猫”的实验。这一场景纯粹是虚构的——这是一种“思维实验”。没有任何一只猫曾经遭受过薛定谔所描述的那种屈辱，但这一实验有力地反驳了哥本哈根诠释。

在薛定谔对这个实验的描述中，他用复杂的**盖革计数器**监控放射性原子。我的试验与他略有不同，同时，还引出了量子世界的另一个古怪特性。

量子猫之母

想象一个约鞋盒大小的箱子，这个箱子中除了一个电子外，空无一物。哥本哈根诠释认为，该电子的波函数会扩散开来填满整个箱子，因此，如果我们看看箱子里面，在箱子的任何一处发现该电子的机会是相等的。现在，设想把一块光滑而垂直的隔板插入箱子的正中间，就像魔术师用隔板把一位女士锯为两半的幻觉一样。常识告诉我们，该电子现在一定被困在了半个箱子里——如果箱子里装的是一个弹跳的小球的话，的确会发生这种事情。但哥本哈根诠释告诉我们，该电子的波函数仍会充满箱子的两部分。如果我们看看箱子里面，这就相当于我们在箱子的任何一部分中发现该电子的概率是相等的。

现在，让我们来谈一谈量子世界的另一个古怪的特性。想象一下，这个箱子被完全分成两个独立的部分，就像成功地把一位女士锯为两半的幻象一样，因此，这两部分可以分开，中间还会留有间隔。哥本哈根诠释仍然会说，该电子的波函数会平均地填充箱子的两部分。你可以带着箱子的一半去往月球或更远的地方，波函数仍然会平均地填充箱子的两部分，即使箱子两部分之间的间隔处并不存在波函数。只有当你看向箱子的某一半时，波函数才会坍缩成位于某一个点的电子。你看了箱子的哪一半无关紧要。如果你看了箱子的 A 部分，而且看到一个电子，波函数就会从箱子的 B 部分中消失；如果你看了箱子的 A 部分，并没有看到一个电子，波函数就会从箱子的 A 部分中消失，而该电子肯定会在箱子的 B 部分中。如果你确实看到了电子，一旦你停止观看，波函数就会再次扩散开来，但只会填满我们曾观察到电子的那半个箱子。

1935 年，薛定谔发表他虚构的所谓的“**猫悖论**”时，主要关注的并不是量子的这种古怪特性。他强调的是量子的另一种古怪特性——状态的叠加。我对这一问题的描述要回到箱子已被分为两部分的那个阶段，此时，我们在箱子的任何一部分中发现该电子的机会是 50 ∶ 50。试想一下，这个箱子位于一个密闭的大房间中，有一只猫安静舒适地生活在这个房间中，而且房间里有足够的饮食供其吃喝。但这个箱子与一个探测器相连，该探测器可以在某些指定的时间进行测量，从而得知电子是否位于箱子的某一特定部分。如果在这部分中电子不存在，什么都不会发生。但是，如果检测到电子，薛定谔称为“残忍的装置”就会打碎毒药瓶，毒药就会充满这个房间，杀死猫。

猫到底被杀死没有？常识告诉我们，有 50∶50 的机会，猫会活下去，还有 50∶50 的机会，猫会死亡。哥本哈根诠释说，因为没有外部观察者看见箱子的内部到底发生了什么，当探测器监测箱子的一部分时，该电子的波函数不会坍缩，整个房间中的波函数会处于叠加态，一种状态对应的是一只活猫，另一种状态对应的是一只死猫。用薛定谔的话说，“整个系统的波函数会将这种叠加状态表现为，在房间的任何一部分中猫都处于半死不活（抱歉用了这个说法）的状态”。[1] 在同一时间，猫既死了又活着（或者，如果你喜欢的话，还可以说猫既不死又不活），它会一直处于这种状态直到有人打开房门，看向屋内。那一时刻，波函数就会坍缩——不是门一被打开，波函数就会坍缩，波函数的坍缩似乎是发生

〔1〕 惠勒（Wheeler）和米哈乌（Zurek）对薛定谔的文字所做的翻译。

在自动监测设备看向箱子内部的瞬间，那就可能意味着会出现死猫。

这一古怪之处还没有结束。其他物理学家们很快就指出，这可能会导致**无限回归**。如果你是看向房间内部的唯一的一个人，你是会使波函数坍缩呢，还是会成为叠加态的一部分呢？如果有一位朋友给你打电话，询问实验结果，波函数是会在此刻坍缩呢，抑或是你的朋友会成为叠加的一部分呢？如果采取逻辑上的极端观点，这一系列的问题就会引发一个很多宇宙学家认真探讨的问题，是谁（或什么）可以观察整个宇宙，并使它的波函数坍缩为一个确定的状态？为什么万物不是处于某种叠加态呢？

如果有比哥本哈根诠释更好的解释，哥本哈根诠释很久以前就被丢弃了。但是，至今仍没有比它更好的解释，只有不同的解释，[1]从某种意义上说，它们跟哥本哈根诠释解释得一样好，它们也像哥本哈根诠释一样，可以很好地预测到量子实验的结果，但却仅此而已，因为它们根本无法预测哥本哈根诠释预测不了的东西。它们也都涉及了不可避免的量子古怪性问题，如信号可以穿越回到过去，又如相距很远的量子实体间的即时通信。因此，你选择哪一种量子诠释，取决于你感觉哪一种古怪性对你来说最舒服（或最不舒服）。**多世界诠释**与**多重宇宙**的探索相关，而且迄今为止的任何实验测试都表明它与所有其他的诠释（包括哥本哈根诠释）一样好，多世界诠释是休·埃弗莱特（Hugh Everett）于 20 世纪 50 年代提出的。

| 休·埃弗莱特的多世界诠释 |

1930 年 11 月 11 日，休·埃弗莱特出生在华盛顿特区。显然，他很

---

〔1〕 我在自己的书《薛定谔的小猫》（*Schrödinger's Kittens*）中曾经讨论过。

早就对生活中的重大问题（如宇宙及与之相关的一切）产生了浓厚的兴趣。13 岁那年，他曾给爱因斯坦写信，询问是什么使宇宙成为一个整体。1943 年 6 月 11 日，爱因斯坦给他回信说，“不存在诸如不可抗拒的力量和不可移动的天体这样的东西”。[1]高中毕业后，埃弗莱特就读于坐落在华盛顿的美国天主教大学，主攻化学工程，并在 1953 年获得学士学位。他大学的一位朋友，凯伦·克鲁斯（Karen Kruse），后来嫁给了科幻作家波尔·安德森（Poul Anderson）。波尔·安德森本人也是一位物理学家，后来成为埃弗莱特多世界诠释的推崇者，他的几本小说都受到了多世界诠释的影响。

在获得学士学位之际，埃弗莱特本人的兴趣已转向理论物理，但为了继续深造，他需要资金支持。由于成绩优异，著名的美国国家科学基金会愿意给他提供奖学金，进入普林斯顿大学的数学系攻读博士学位，他非常高兴地接受了。当时正值冷战高峰期，获得这笔奖学金的条件就是他得从事**博弈论**的研究工作，博弈论这个名字听起来很顺耳，实际上，它具有重要的军事价值。埃弗莱特完成了自己分内的工作，但他在普林斯顿大学一站稳脚跟，就开始寻求转到物理系的途径。1954 年 9 月，他到普林斯顿大学就读的第二年初，就转到了物理系学习，一开始他的论文导师是弗兰克·休梅克（Frank Shoemaker）。虽然埃弗莱特的博士专业主攻物理学，他仍旧继续从事博弈论的工作。

刚刚正式成为一名物理学家，埃弗莱特就提出了令他至今仍为人们所知的伟大的构想。埃弗莱特参加了一个聚会，聚会上人们喝了大量雪利酒。聚会后，埃弗莱特和他的同学查尔斯·米斯纳（Charles Misner）（他后来成为研究相对论的著名专家），还有一位来访者——奥格·彼得

---

〔1〕关于埃弗莱特的引述摘自尤金·史科夫特瑟夫（Eugene Shikhovtsev）未发表的《传记概略》（*Biographical Sketch*）。

森（Aage Petersen）通过幻想自娱自乐。他们幻想着那些量子谜题（如薛定谔的猫的比喻）到底暗示了什么？并且他们幻想出来的答案越来越荒诞不稽。这个话题的选择要归功于彼得森的到来，彼得森当时是量子先驱之一尼尔斯·玻尔（Niels Bohr）的助手。尼尔斯·玻尔是哥本哈根诠释的主要倡导者。像薛定谔的猫这样的谜题，其难点在于无法理解和解释波函数坍缩时到底发生了什么。埃弗莱特最初提出这一伟大的想法时，或多或少像是开了个玩笑，当时他问道，要是波函数不坍缩会怎么样呢？要是叠加态永远保持下去会怎样呢？

第二天清晨，天气非常寒冷，但对于埃弗莱特来说，这种疯狂的想法一点也不显得荒诞，埃弗莱特决定用量子理论方程来研究它。然而当时，他首先得完成其他一些工作——1954 年 12 月，他完成了关于博弈论在军事上应用的讲座。另外，于 1955 年春天参加了研究生毕业考试，并获得了硕士学位。因此，直到 1955 年夏天，他才开始用合适的数学语言写出他的伟大想法及其暗示。最后，他完成了论文的草稿〔该草稿是他的女友南希·戈尔（Nancy Gore）帮他打完的，次年，埃弗莱特与她结了婚〕。这篇论文的主题已超出了弗兰克·休梅克的专业范围，因此，带着这个草稿，埃弗莱特转投到约翰·惠勒（John Wheeler）门下，约翰·惠勒成了他的论文导师——事实上，在埃弗莱特起草该论文之前，他就已经与约翰·惠勒探讨过他的想法。

惠勒是最适合做埃弗莱特导师的人。他出生于 1911 年，20 世纪 30 年代中期，刚刚拿到博士学位后不久，他曾在哥本哈根与尼尔斯·玻尔一起工作过几年。回到美国后不久，他就成了理查德·费曼的导师，当时，费曼是普林斯顿大学的博士研究生。作为广义相对论的专家，他后来于 1967 年创造了“黑洞”这个现代天文领域的名词。惠勒总是乐于接受新思想，并乐于鼓励其发展，即使他并不总是赞同这些观点。

1955 年 9 月是埃弗莱特在普林斯顿大学就读的第三年，他向惠勒提交了两篇简短的论文，文中发展了他自己的观点。这两篇论文以及埃弗莱特的其他文献目前都保存在美国物理研究所尼尔斯·玻尔图书馆的档案室中。在其中的一篇论文中，埃弗莱特首次提及观察者**“分裂”**，他认为每当进行量子测量时（如看向鞋盒中寻找电子），就会出现观察者“分裂”。惠勒在论文的空白处写道：“分裂？最好换个词。”但是，埃弗莱特不同意，他打了个比方，说这种分裂就像是一个“拥有良好记忆的、聪明的**阿米巴变形虫**”的分裂，但是，惠勒对此并不热衷。今天，它似乎已经成为解释埃弗莱特的量子物理学的工作机制的一个近乎理想的方法。

在这张图片中，例如鞋盒中装有一个电子这样的情形，在隔板插入盒子中间后，当观察者打开位于盒子一侧上的盖子，并且看向盒子的这一侧的时候，并没有发生波函数坍缩。两种结果（即在盒子这一侧有或没有电子）都可能发生，因此，两种结果都是同样真实的。波函数没有坍缩，但是整个宇宙，包括观察者自己，分裂成了两个独立的宇宙。在一个现实的宇宙中，有个观察者看到一个电子。而在另一个现实的宇宙中，有个观察者，直到此刻他与刚才的观察者都完全一样，没有看到电子。通过分裂的繁殖方式，阿米巴变形虫一分为二。如果存在一个有良好记忆的、聪明的阿米巴变形虫的话，在分裂之前，只有一只阿米巴变形虫，但分裂之后，将会有两只阿米巴变形虫，直到此刻为止，它们拥有相同的记忆。但它们会沿着不同的路径过着截然不同的生活。量子与变形虫不同的是，宇宙或观察者不会分裂，但是，就在测量或观察的那一刻，整个波函数，即叠加态，分裂成了两个独立的叠加态。埃弗莱特的伟大成就在于他用精确的数学语言把它表达了出来，并证明他对量子物理学的解释与玻尔对量子物理学的解释，即哥本哈根诠释，在可验证的各个方面都是完全相同的。

埃弗莱特按照惠勒的点评对论文稍作修订，由南希·戈尔打印出来。1956年1月，这份137页的论文分发给了包括玻尔在内的许多专家，以便听取他们的意见。1956年春天，埃弗莱特离开了普林斯顿大学，在五角大楼开始了他的职业生涯，为武器系统评估组研究绝密材料，不久，他就成为该组数学部的负责人。他的许多工作至今仍然是机密的，但据了解，他曾经参与许多研究，其中包括确定选择核打击目标的最佳方法，还包括**确保相互摧毁**（MAD）这一概念的发展。1956年9月，埃弗莱特回到普林斯顿大学参加博士毕业考试。1957年3月，根据反馈的意见，特别是惠勒的很多建议，埃弗莱特对论文进行了修改，将它缩减为一篇非常简短的论文并且提交了这篇论文。“分裂”这个词没有出现在这篇论文中，惠勒说服了埃弗莱特，他认为就获得博士学位而言，慎重就是大勇。

1957年4月，按照博士学位的要求，埃弗莱特正式获得了博士学位。当年7月，他在《现代物理学评论》上发表了一篇名为《量子力学的“相对态”构想》的论文，这篇论文与他最终提交的博士论文大致相同。论文发表后，几乎无人问津。物理学家布莱斯·德威特（Bryce DeWitt）是对它感兴趣的为数不多的几个人之一，但即便是他最初也反对这种观点，即每次面临一个量子选择的时候，物质世界就会被分割，而且这样的过程可以无限地重复下去。埃弗莱特对他说，这一理论的内涵要比抽象的哲学推理重要得多，德威特最终还是接受了多世界的观点，并且积极向大众推广这种观点——但这已经是发生在十多年后的事了。

埃弗莱特选择“相对态”这一术语，目的是为了强调他的观点与爱因斯坦的广义相对论之间的关系。根据爱因斯坦的理论，宇宙中不存在任何特殊的地方——所有观察者都同样有权拥有自己的观点。尽管埃弗莱特并没有完全用这种方式表达，但他的理论认为在多重宇宙中不存在特殊的宇宙——所有的量子态都是同样真实存在的。把埃弗莱特的观点与爱因斯坦的观点结合起来——在多重宇宙中的所有观察者都同样有权拥有自己的观点。惠勒在《现代物理学评论》上（埃弗莱特的论文也发表在这一期上）也发表了一篇论文，他关注的是："广义相对论的原理认为所有对称的、同级的系统都是平等的。"他写道，"其他的物理学原理是无法与之相比的"。所有观察者都是同样真实的。虽然多世界诠释并非多重宇宙的唯一解释，但对这一论题的其他诠释都无法驳斥这种见解。

这一点值得强调，因为人们仍在争论"相对态"构想到底有什么物理学主义，好像是埃弗莱特没有把它解释明白。这与事实相去甚远，实际上，他已经解释得非常清楚了。姑且不说惠勒让他在论文中删除了分裂和聪明的阿米巴变形虫，在《现代物理学评论》上发表的论文脚注中，埃弗莱特写道："从多世界理论看，所有[1]的叠加元素（所有的'分支'）都是'真实的'，没有任何一个比其他的更'真实'。没有必要假设除了一个以外，其他的都被摧毁了。"而且，他在没有删减的论文草稿[2]中写道：

> 在这一点上，我们遇到了一个用词上的难题。在观察之前，我们只有一种状态，这种状态中只有一个观察者，但是观察之后，对于这个观察者来说，出现了许多种状态，而且所有的这些状态都属于一种叠加。这些状态中的任何一种状态，对于观察者来说，就是一种状态，所以我们可以说，在不同的状态下有不同的观察者……在这种情形下，当我们强调一个单一的物理系统的时候，我们就使用单数，当我们强调不同叠加元素的不同体验的时候，我们就使用复数。（例如，"观察者对数量 A 进行观察，观察后，引发的叠加中

〔1〕 埃弗莱特的重点标注。

〔2〕 埃弗莱特没有删减过的论文草稿发表于德威特（DeWitt）和格雷厄姆（Graham）出版的论文集中。

的每一个观察者都会看到一个**特征值**”。)

有些人可能会问，为什么我们感觉不到这种分裂？对于这类问题，他也事先做出了回应。他在发表于《现代物理学评论》的论文中还写道：

> 一个分支完全无法影响另一个分支，还意味着所有观察者都无法觉察到任何“分裂”过程。
>
> 有人主张这一理论所展示的世界图景与我们的经验相抵触，因为我们根本觉察不到分裂过程。这些人的观点就像人们质疑哥白尼的理论一样。哥白尼认为地球在运动是一个物理事实。那时候，人们认为这种观点不符合常理，因为我们感觉不到这种运动。在这两种情况中，这些人的观点都会被攻克，因为理论本身预测到我们的经验将会告诉我们真相。(对于哥白尼的观点，牛顿物理学就能告诉人们地球上的居民是感觉不到地球的运动的。)

但是，分裂之后，多宇宙彼此间将完全隔离。“不同状态下的观察者之间不可能互相沟通”，埃弗莱特在论文草稿中写道。

历史的分支树

某些方程可以描述多重现实的存在。根据相同的方程，埃弗莱特的多重宇宙（也被称为“**平行世界**”）的不同分支间是无法沟通的。但是，存在一种有趣的可能性，严格说来，这种可能性超出了本书的范围，但这种可能性太迷人了，在这里我得简单地提一提。

这种可能性就是时间旅行。早在平行世界的观点还没有成为受人推崇的科学理论之前，它就已经出现在了科幻小说中，时间旅行的想法与之类似。在许多有关平行宇宙的故事中，有时主角不知何故“在时间上侧移”，“经过一段时间”移动到另一个宇宙，有时整个故事就发生在一个平行的现实中，这段历史从我们的时间轴上过去的某个关键的时间点分支出来——例如，在轴心国赢得了第二次世界大战这个时间点。

由此会形成这样的图像，即我们的历史就像一棵树，树上有很多分支，这些分支代表着不同的宇宙，这些宇宙的出现是因为它们在不同的时间从树干上分支出来，从而产生了不同的结果（即不同的宇宙）。这一比喻其实是非常不尽如人意的，因为如果埃弗莱特的理论是正确的，那么这棵树就没有“主干”，而且树的分支要复杂得多，很多时间旅行的故事都会描述时间旅行者回到了过去，而且，他们还有意或无意地改变了历史，因此，当他们返回到“现在”的时候，现实已经与他们刚刚离开时截然不同了。

综合这两种观点，我们可以看到，在历史的一个分支（一个宇宙）中，时间旅行者可能会回到过去，然后再返回到历史的另一个分支（另一个宇宙）中。这并不是说他或她已经改变了历史，这两种历史一直存在着。例如，在典型的“**祖母悖论**”中，时间旅行者回到了过去，却无意中导致了她祖母的死亡，而在那一时刻她的母亲还没有出生。在这种情况下，如果只有一个时间轴，时间旅行者永远也不会诞生，她永远也不会回到过去，所以她的祖母会存活下来等等。多世界理论对这个故事的解释是，时间旅行者回到了过去而且祖母被杀了，但这正是另一个宇宙的分支点。这个旅行者可能返回到一个分支，在这个分支中她会发现一个现实，即她从未存在过；她还有可能返回到从前的那个分支，在那个分支中，她会吃惊地发现祖母竟然没有死亡。无论哪种分支都是真实的，不是自相矛盾的。

作者这样写，目的都是为了创作出更具娱乐性的小说。但令我们吃惊的是，已知的物理定律无法推翻时间旅行的观点，尽管建造一部时间机器将是非常困难的。[1]广义相对论公式（广义相对论是至今为止我们拥有的关于空间和时间的最佳理论，它已经通过了设计出来的所有测试的检验）推断出时间旅行的可能性，但在时间机器制造出来以前，我们还不能回到过去。这就是为什么来自未来的客人还没有光临现在的原因——时间机器还没有建成呢。

现在，还是让我们言归正传，回到多重宇宙吧。“祖母悖论”让我们想起了薛定谔的猫这个比喻。“祖母悖论”这样的谜题与埃弗莱特的多世界诠释帮我们解决的谜题类似。

由于最初的猫谜题的设置方式，只会出现两种可能的结果——用量子物理学语言表达就是两个特征值。猫要么是死，要么是活。根据埃弗莱特的解释，这意味着存在两个同样真实的世界，它们彼此叠加，但始终不能相互影响——一个宇宙中有一只死猫，另一个宇宙中有一只活猫。这就很容易让人联想到一个更复杂的场景，在这种场景中，结果是由滚动的骰子决定的，骰子扔出去之后可能会出现更多的结果。让我们来扩展一下薛定谔的观点，有可能会有许多猫居住在它们自己的隔室中，最终到底其中哪只猫会被杀死将取决于掷骰子的结果。做完这个实验后，将会出现相应数量的平行宇宙，我们得考虑这些宇宙中的量子猫的多种多样的状态。但正如人们经常假设的那样，平行宇宙的数量是有限的。虽然在多世界诠释中，“多”这个词将是一个不可思议的大数，但毫无理由认为它实际上是无穷大。在这片广阔的平行宇宙中，紧挨着我们宇宙的那个宇宙跟我们的宇宙相差无几，稍远一点的宇宙（稍早些时候从我们的宇宙分支出去）会与我们的宇宙有些不同，而多重宇宙中远离我们的那些宇宙与我们的宇宙是

[1] 见基普·索恩（Kip Thorne）的书。顺便提一下，索恩是惠勒的另一个学生。

截然不同的。

我们为什么要认真解读多世界诠释呢？最好的理由是，至今还没有人能找到任何其他途径，可以用量子术语描述整个宇宙。惠勒从一开始就意识到这一点；1957 年，他在发表于《现代物理学评论》的论文的最后一句话中写道：

> 除了埃弗莱特的相对态概念之外，目前还没有一种**自洽的**思想体系，可以解释像广义相对论中的宇宙这样的封闭系统的量子化是怎么一回事。

1957 年，这种说法的影响要比今天小得多。50 年前，我们对宇宙的理解与现在相比是非常有限的——当时，甚至仍有宇宙学家在进行激烈辩论。他们中有人认为，我们现在所认识的宇宙起源于发生在某一特定时刻的大爆炸；还有人认为宇宙一直处于稳定状态。20 世纪末和 21 世纪初的伟大科学成就之一，是确定了宇宙确实开始于一次大爆炸，这次大爆炸发生在大约 137 亿年前，从那以后，宇宙一直在不断膨胀，这与广义相对论对空间和时间的描述是一致的。宇宙学家对他们了解的可见宇宙越是肯定，他们就越会接受多世界诠释，因为它是协调这种观点与量子物理的唯一途径——这就是为什么埃弗莱特的观点现在比以前更受人推崇的原因。

埃弗莱特从无人问津到炙手可热

布莱斯·德威特（Bryce DeWitt）使埃弗莱特的观点首先为专家所了解，进而间接地为大众所关注。德威特从一开始就关注到了埃弗莱特的观点，1957 年，他和埃弗莱特不断进行书信往来。事实上，埃弗莱特在《现代物理学评论》上所发表的论文的脚注中提到的对比，即人们感觉不到这种分裂与人们感觉不到地球在运动之间的比较，都要归功于这些书信往来。德威特年长埃弗莱特近八岁（他出生于 1923 年 1 月 8 日），1943 年毕业于哈佛大学。因为战争，直到 1949 年他才拿到博士学位（也在哈佛大学），并相继在印度和欧洲〔他的妻子是一位法国物理学家，名叫塞西尔·默莱特（Cecile Morette）〕待了较短的一段时间，之后他定居在教堂山上（Chapel Hill）的北卡罗来纳大学，在那里，他从事量子引力理论的研究。

1968 年，他已经是该领域的资深人物了。当时，身为物理学家和科学哲学家的马克思·雅默（Max Jammer）拜访了德威特。马克思·雅默正打算写一本书，介绍量子物理学及其各种诠释。令德威特吃惊的是，马克思·雅默从未听说过埃弗莱特，而且他还突然间意识到，埃弗莱特 1957 年的论文几乎已经被人遗忘了。（在他以前所写的书中，马克思·雅默曾在脚注的目录里提到过埃弗莱特 1957 年的论文，但是，马克思·雅默根本没有读过这篇论文。这种情况在别人的著作中也是屡见不鲜的。）鉴于埃弗莱特不再从事物理学工作，德威特下定决心要尽力改变这种情况，后来他写了一篇关于多世界诠释的文章，1970 年 9 月发表在《今日物理》上。正是这篇文章使许多物理学家（包括我自己）关注到了埃弗莱特的理论。该理论指出“宇宙在不断地分裂成许多宇宙，这些宇宙相互间是不可见的，但它们都同样是真实的世界”；该理论还探讨了薛定谔的猫，并阐明“**量子跃迁**会发生在每一个星球、每一个星系，宇宙中的每一个偏僻的角落。每次量子跃迁都会将我们地球上的世界分裂成无数个自我复制品”。

德威特在描述他第一次接触多世界概念的时候说：“我仍然清晰地记得，当我第一次遇到多世界概念时所受到的震动。10^{100+} 个略有缺陷的自我复制品，都在不停地分裂成进一步的复制品，到最后已经面目全非。这种想法是很难符合常识的。这是一种彻头彻尾的精神分裂症。”他打了一个比喻，“（该）**状态向量**就像一棵有无数分支的树”。但他还指出，“一个有限宇宙的波函数本身一定只包含有限数量的分支”。根据相关记载〔参见尤金·史科夫特瑟夫（Eugene Shikhovtsev）的文章〕，埃弗莱特曾说，他“当然赞成德威特介绍他的（埃弗莱特的）理论的方式”。

德威特的学生尼尔·格雷厄姆（Neill Graham）在博士论文中，进一步详细阐述了埃弗莱特的许多观点。而且德威特和格雷厄姆于 1973 年共同编辑出版了《量子力学的多世界诠释》（*The Many-Worlds Interpretation of Quantum Mechanics*）文集，其中收录了埃弗莱特未经删改的博士论文，埃弗莱特以及惠勒在《现代物理学评论》上发表的论文，还收录了《今日物理》上的一篇文章。正是这本书使得“多世界诠释”这个术语为大众所熟悉。在此书序言的开头，两位编者指出“这种由多世界构成的现实……反映出宇宙在不断分裂”。1974 年，马克思·雅默的书〔1〕问世了，书中着重介绍了多世界诠释。雅默写道，“多重宇宙理论无疑是迄今为止科学史上最大胆和最雄心勃勃的理论之一”。

德威特和格雷厄姆把埃弗莱特和多世界诠释介绍给了其他物理学家。1976 年 12 月，一篇名为《量子物理学与现实》（*Quantum Physics and Reality*）的文章发表在科幻杂志《模拟》（*Analog*）的“科学事实”专栏中，该文章使得这一理论得到了更为广泛的传播。这篇文章的副标题写道：“可供选择的宇宙不只是科幻作家的噱头，它们还是量子物理学家的救命稻草！”这篇文章的作者迈克尔·泰博（Michael Talbot）和劳埃德·比格（Lloyd Biggle Jr.）在此文中清楚地阐明了这种观点。

与《量子力学的多世界诠释》文集比较，更多的人（尤其是学生）

---

〔1〕《量子力学的哲学》，威利（Wiley）文学出版公司，纽约。

喜欢阅读《模拟》，这使得埃弗莱特的形象深入人心。此时，德威特和惠勒都任职于奥斯汀（Austin）的德克萨斯大学。1977年，他们在那里组织了一次会议，讨论意识以及计算机能否有意识的问题。埃弗莱特应邀出席了这次会议，并且成为此次会议的明星，他为众多的听众做了演讲，因为烟瘾很重，他在四个小时的演讲中被特别允许吸烟。这是那个礼堂有史以来唯一的一次例外。

这是埃弗莱特最后一次"公开露面"，也是他以著名科学家的身份唯一的一次露面。但在奥斯汀之旅中，发生在他身上的最重要的事件，也许是他与来自英格兰的戴维·多伊奇（David Deutsch）的会面。戴维·多伊奇是惠勒的学生，实际上，他也是德威特的学生。他对量子物理方程所描述的"宇宙"极感兴趣。一天午饭时，他们两个人认真地探讨了这个问题，多伊奇回忆说，埃弗莱特对"状态向量"这个更抽象的技术术语不是很感兴趣，却对"多宇宙"这个术语表现出了极大的热情。

多伊奇后来成为多世界观点的主要倡导者。他现在任职于牛津大学，最近，他揭示了多世界诠释中量子世界的概率规则是如何自然生成的——这种方式使我们对概率测量结果产生了错觉，从而取得了重大突破。

但如果说埃弗莱特的量子物理学解释有一个美好结局的话，他本人就不那么幸运了。约翰·巴里（John Barry）曾是埃弗莱特的一个同事，他把埃弗莱特描述成一个"卓越、狡猾、不可靠"的人。[1] 他是一个冷酷的人，酷爱电脑，对家人来说他却是个陌生人，他烟瘾极重、酗酒成性（可能是个酒鬼），而且饮食也不健康——他与任何愿意听的人争论，他会大声疾呼，医疗科学认为胆固醇具有危害性是错误的。1982年7月19日，埃弗莱特因心脏病发作逝世，享年51岁，医疗科学取得了最后的胜利。从他在《现代物理学评论》上发表文章，到他去世的那一

[1]《科学美国人》（*Scientific American*），2007年12月，第78页。

天，已经过去了 25 年。1996 年，埃弗莱特的女儿利兹（Liz）自杀身亡。1998 年，他的妻子南希死于肺癌——原因可能是由于长期呼吸埃弗莱特的二手烟。唯一幸存的家庭成员是休・埃弗莱特的儿子马克（Mark），他是摇滚乐队——鳗鱼乐队（Eels）的词作者和主唱。他忧郁的音乐风格使我们洞悉了在这样一位不正常父亲的教导下，他过着怎样的生活。我们只能希望在其他的宇宙中，他们能生活得好一些。

这使我想起一件事，这件事使得人们难以接受多世界诠释。就这么多的宇宙而言，多世界诠释真是太浪费了。从物理和数学领域看，多世界诠释非常有意义，而且它所提出的假设是特别精简的——埃弗莱特所做出的唯一假设是方程在告诉我们真相。但是，正如德威特所说，"10^{100+} 个略有缺陷的自我复制品，都在不停地分裂成进一步的复制品，而最后面目全非。这个想法是很难符合常识的"。

让我们直面这种理论吧——我们人类真正感兴趣的问题是：我们如何到达这里？我们自己的世界将到哪里去？要解释我们在这里这个事实，你真的只需要一个物理世界吗？以上是人们过去的想法。但是，在过去的 20 年里，人们越来越清楚地看到我们的宇宙有些古怪——怪就怪在它使我们能够在这里提出这样的问题。这就为我们认真思索多重宇宙提供了强大的动力，我们可以不考虑埃弗莱特在这一主题原型上的变化有哪些具体的优点。是量子物理学给我们提供了研究多重宇宙构想的一个坚实的科学基础，但却是宇宙中存在的一系列巧合让我们首先看到了研究多重宇宙构想的必要性。

chapter

2

再看宇宙巧合

碳巧合 / 宇宙为何如此广阔？ / 核效率 / 引力太小了，令人难以置信！ / 宇宙学常数的巧合 / 平滑的宇宙海中的涟漪 / 三维适合人类生存，多维不适合 / 生命的抽奖是什么让我们的宇宙如此特殊？是某些自然法则使得我们的宇宙如此适合生命的生存，但有证据表明这些自然法则是非常奇特的。1989年，我和马丁·里斯（Martin Rees）合著了《宇宙巧合》（*Cosmic Coincidences*）[1]，书中我们仔细审视了这些证据。后来，马丁·里斯出版了《六个数》（*Just Six Numbers*），在此书中，他对其中的某些观点进行了详尽阐释。马丁·里斯现任英国皇家天文学家和英国皇家学会会长。在本章中，我将简要介绍这些宇宙巧合——事实上，宇宙巧合不只六种，但是，里斯所说的这六种巧合已经足以说明问题了。正是这些巧合，以不同形式凸显了认真思考多重宇宙观点的必要性。

由于我们的生存依赖这些巧合的存在，所以，有时把关于这些宇宙巧合的研究称为“人择宇宙学”。选用这个名称是令人遗憾的，因为它意味着人类有某种特殊之处。但至关重要的是，对于宇宙中的生命来说，巧合是必不可少的，或者更具体地说，生命的存在取决于巧合。1973年，为纪念哥白尼诞辰500周年召开了一次会议。在此次会议上，理论家布兰登·卡特（Brandon Carter）创造了“人择宇宙学”这个术语；1974年，此术语出现在会后出版的论文集中。该论文集解释了卡特选用这个名字的原因，但此后，他一直后悔不已；哥白尼革命使人类不再是宇宙的中

〔1〕 后来，这本书以《宇宙中的物质》（*The Stuff of the Universe*）为名再版。

心，而卡特选用这个词，恰恰指出了虽然我们所处的位置不一定是宇宙的中心，但从某种意义上说，我们的存在处于特殊的地位。1979 年，伯纳德·卡尔（Bernard Carr）和马丁·里斯在《自然》杂志上发表了一篇论文，在该文中，他们总结了当时他们已知的所有相关的巧合，从而使宇宙巧合这个术语得到普及。但在这个术语问世很久以前，就已经有人为**“人择推理”**（现在的说法）这一理论举了两个最好的、最容易理解的例子——其中一个例子出自英国理论家弗雷德·霍伊尔（Fred Hoyle），另一个例子来源于美国人罗伯特·迪克（Robert Dicke）。

碳巧合

20 世纪下半叶，随着人们对宇宙的深入理解，这些巧合才可能被人们理解。正如我们所见，现在有大量证据表明，我们周围的可见宇宙起源于大约 137 亿年前的一个炙热的高密度火球——俗称大爆炸。从那时起，宇宙就在不断地膨胀和冷却，但在膨胀的宇宙中，气体云被引力拉到一起形成恒星和星系。形成恒星和星系——连同行星和人——的物质处于**暗物质**的海洋中，只有通过引力才能探测到暗物质，而暗物质正是通过引力把物质拉扯到一起的。关于暗物质和宇宙，我可以详尽地给大家介绍，但它们与此处要介绍的这两种巧合关系不大。事实上，当霍伊尔和迪克关注这两种巧合的时候，他们谁都没有意识到暗物质的存在。

我们是由原子构成的，原子本身是由质子、中子（位于原子中心的原子核中相对较重的粒子）和电子（在此处可以把电子视为位于原子外层的相对较轻的“粒子”）构成的。为了把原子和暗物质区分开，人们经常把原子称为**重子物质**。通过观测大爆炸遗留下来的辐射（宇宙背景辐射），并将观测结果与理论计算比较，我们发现，形成于宇宙大爆炸的重子物质，几乎完全是以两种最简单的**原子元素**的形式出现的，它们是氢和氦。其中约 75% 是氢，每个氢原子由一个质子和一个电子构成；25% 是氦，每个氦原子的原子核中有 2 个质子和 2 个中子，每个氦原子的外层中有 2 个电子。对那些宇宙形成初期诞生的最古老星球进行光谱分析后，人们证实了这一观点。所有其他元素都是通过核聚变过程，在恒星内部形成的，而随着恒星的老化与消亡，这些元素会扩散到宇宙空间中，从而为星球的更新换代提供原材料，最终，会形成像地球一样的行星。这是一个缓慢的过程。即使在今天，那些**重元素**——除了氢和氦以外的所有元素——占宇宙中重子物质总量还不到 2%。正是这一小部分重元素使得行星和人的存在成为可能。但是，我们太阳系的大部分质量位于太阳内部，其形式仍以氢和氦为主。

对生命来说，有四种化学元素是至关重要的，它们是：氢、碳、氧和氮。在霍伊尔的人择理论中谈到了其中两种元素：碳和氧。

重元素在恒星内部形成的主要途径是氦原子核互相结合，逐渐形成越来越大的原子核。例如，一个碳原子核包含 6 个质子和 6 个中子，基本上是由 3 个氦原子核（每个氦原子核中包含 2 个质子和 2 个中子）结合在一起形成的；氧原子核包含 8 个质子和 8 个电子，基本上是由 4 个氦原子核结合在一起形成的——而且，更值得注意的是，在一个碳原子核上添加一个氦原子核就会形成一个氧原子核。其他类似的过程会把一些以这种方式形成的重原子核转换成其他元素的原子核，而对于我们来说，想要看出这些元素的原子核是否由氦原子核形成，却并非易事，但这些细节在此处无关紧要。重要的是，整个过程从一开始就遇到了瓶颈。

碳究竟来自何处？你可能会认为把氦原子核添加到周期表中的下一个元素——铍的原子核（铍原子核包含 4 个质子和 4 个中子）上，就会形成碳。但铍原子核——把 2 个氦原子核结合在一起就会形成铍原子核——极不稳定，它几乎一形成，就会破裂。如果在一颗恒星内部，2

个氦原子核真的碰巧发生了互相碰撞，并结合在一起，从而形成了铍原子核，可能还会有时间让第三个氦原子核与这个铍原子核发生碰撞；但在 20 世纪 50 年代早期看来，更有可能发生的事似乎是，第三个氦原子核与铍原子核发生碰撞时，会将不稳定的铍原子核撞碎，而不是使这三个氦原子核相互结合，从而形成碳原子核。如果没有碳，就没有氧气，也就没有其他重元素。进而也就不会有生命——更明确地说，就不会有像我们这样以碳为基础的生命形式。

弗雷德·霍伊尔的理由是，正因为我们存在，所以在这个核聚变瓶颈中，肯定存在一种方式使氦原子核相互结合，形成了碳原子核。1954 年，他想出了一个由氦转化成碳的可能方式。这种转化取决于一种可能性，即碳原子核可能存在于所谓的“**激发态**”中，这种激发态的能量与一个铍原子核和一个氦原子核的能量产生“共振”。只有存在这个事实，才能使我们推断出有共振，除此之外，再无其他理由可以推测出共振的存在。正是因为碳存在于我们的宇宙中，霍伊尔说，所以，其原子核一定是以正确的方式发生了共振。

这种共振有点像是用一根吉他弦演奏不同的音符。这根弦演奏的最基本的音符会产生最低音符，称为**基音**，但用同一根弦也有可能**演奏泛音**。一根琴弦不能演奏每一种音符，它只能演奏基音的各种泛音。原子核同样如此，它自身的能量是确定的，它不能存在于任何大小不同的能量中。但它可以吸收能量，或许可以从一个伽马射线的冲击中吸收能量，从而在短时间内处于“激发态”中，这段时间过后，它会释放多余的能量，从而回落至最低能级，此处称为“基态”（ground state）。如同泛音一样，只有当适量的能量进入原子核，并使其跳转到一种可能的激发态中，这一过程才能实现。同样，如果把一把吉他放在扩音器旁边，有人弹奏了一个音符，这个音符通过扩音器放大，成为一个响亮的音符，如果这个音符的波长合适的话，吉他的一根或很多根弦都会随着这个音符一起震动——就会发生共振。

物理学家用电子伏特（eV）或其倍数，如兆电子伏特（MeV），来度量能量。1954 年，他们已经知道，一个铍原子核和一个氦原子核相结合，所需能量为 7.3667 兆电子伏特。霍伊尔认为，一定存在一种碳的激发**能量级**，这种能量级要比 7.3667 兆电子伏特高一点，只有这样才能使进来的氦原子核的**动能**适量地超出总能量，从而产生共振。如果真是这样的话，进来的氦原子核就不会把不稳定的铍原子核撞裂，它会形成一个激发的碳原子核，随后，碳原子核就会按照通常的方式，将多余的能量辐射出去，最后进入到基态。

霍伊尔把他的这种设想告诉了实验物理学家，他们几乎当面就开始嘲笑他。他对原子核性质的预测，是以我们的存在为前提的，因为我们存在，所以原子核必须具备必要的性质，这种想法看上去太荒唐可笑了。但他说服了这些实验物理学家，使他们愿意对碳原子核进行必要的实验。做完实验后，这些实验物理学家发现，他们得到的激发能级为 7.6549 兆电子伏，而这一能级刚好高于氦和铍相结合所得到的能级，从而可以引发共振。让我们扩展一下刚才所做的音乐类比，后来人们通过计算发现，核相互作用必须“调音”到 0.5% 的精确值，才会产生共振。

这还不是全部。正如我在前文所说，氧原子核是通过恒星内部氦原子核与碳原子核的相互结合产生的。因为碳原子核是稳定的，而且它们在恒星内部形成了很长一段时间，如果这一进程以同样的方式发生共振，所有的碳将迅速转化成氧。当这一过程发生的时候，一个碳原子核和一个氦原子核相结合需要的能量为 7.1616 兆电子伏。一个氧原子核的激发能级是 7.1187 兆电子伏，这一能级太低了，以至于不会发生共振。如果你再加上进来的氦原子核的动能，这一差距还会略有增加。在这种情况下，共振是不可能发生的——但共振的产生只不过就差那么一点点能级。

这是一对非同寻常的巧合。如果激发的碳能级稍微低一点，宇宙中就没有碳，因为碳不能被制造出来。如果氧能级稍微高一点，宇宙中也没有碳，因为所有的碳都会转化成氧。无论是哪种情况，像我们这样以碳为基础的生命形式都不会存在。用霍伊尔自己的话说：

（一种）观点认为，正在探讨的数字中的一些数字，如果不是全部数字的话，是有**涨落**的，这种观点还认为在宇宙的其他地方这些数字的数值会有所不同。我赞成（这种）观点……令人好奇的是，在 C^{12} 和 O^{16} 中放置的能级，数值刚刚好。这可能仅仅是由于像我们这样的生物依赖碳和氧之间的平衡，我们仅仅能存在于宇宙中的某些部分中，在这些部分中，这些能级碰巧是这样的数值。[1]

但是，霍伊尔并非只提出了这一种观点。他还表示，如果换个视角，"就物理定律在星球内部所产生的影响来看，物理定律好像是被故意设计出来的"。而且，他还认为，对于他来说，宇宙是预先设计好的。1965年，通过假设存在一个设计者，来解释碳和氧原子核的能级，对于很多物理学家来说似乎有些极端；但是，正如我将在第七章探讨的那样，今天这样做看起来似乎不再像以前那么极端了。

宇宙为何如此广阔？

重元素是在恒星内部制造出来的，一旦你知道了这一点，迪克的巧合就会比霍伊尔的巧合更容易理解，而且迪克的巧合同样令人印象深

---

〔1〕《星系、原子核和类星体》（*Galaxies, Nuclei, and Quasars*）。对于他的观点，我只想改变一处，用词语"多重宇宙"替换"宇宙"。

刻。其实，迪克当时并没有使用“巧合”这个词；1961 年，他真正提出并在出版物中详细论述的是一种解释，这种解释以我们的存在这一事实为基础，解释了为什么我们周围所见的宇宙是如此的广阔与古老。

宇宙已经存在了 137 亿年，而光一年内可行驶的距离是一光年，所以，原则上，无论看向空间的哪个方向，我们可以看到的最远距离是 137 亿光年。在宇宙中还可能有更多的区域——也许有无限多的区域——超越了这个视界，但我们却无法看到这些区域，因为来自这些区域的光还没来得及到达我们这里。由于这个缘故，我们可以把这段距离四舍五入为约 100 亿光年。过去，这个宇宙视界离我们较近；将来，它将会离我们越来越远。那么，为什么在宇宙处于当前发展阶段的时候，我们能够存在，并且还能够探索可见宇宙到底有多广阔呢?

你可能会认为这只是进化的一部分——进化迟早会让我们在宇宙中出现。但是，制造出像碳元素这样的重元素的恒星，需要数十亿年才能走完其生命历程，并且在其消亡的时刻，把这些重元素散布到太空中去。然后，还需要数十亿年的时间才能在围绕较年轻恒星运转的一个（或多个）行星上进化出智能生物。粗略地说，像我们这样的生命形式出现在宇宙中，并且能够关注到周围的环境，需要大约 10 亿年的时间。

展望未来，在遥远的将来，恒星将燃烧殆尽，孕育生命的行星将不复存在。实际上，我们是在我们可能出现于宇宙的最早时间出现的。从宇宙尺度上，乍一看，广阔的可见宇宙似乎凸显了人类的微不足道，实际上，它是我们生存的基本要求。

| 核效率 |

马丁·里斯强调的巧合，与生命和宇宙的亲密关系这个简单的例子相比，专业性更强，但这些巧合值得我们略微详尽地探讨，以此来强调宇宙真是很奇怪。这些特别数字中的第一个数字与霍伊尔的人择理论密切相关，并与将物质转换成能量的核过程的效率有关，这一过程符合爱因斯坦的著名公式 $E=mc^2$。

事物有一种自然倾向，即寻求可获得的最低能级。这方面我们最熟悉的例子是水往山下流。在**引力场**中，某物所处的位置越高，它拥有的能量就越多——当你抬起某物的时候，抬这个动作就被转化成了此物的**重力势能**。当此物体落下来，或当水往山下流的时候，重力势能就会被释放出来，转化成运动的能量，即动能。轻原子核相互融合形成重原子核，这是因为重原子核内部每个粒子（每个质子或中子）的能量比轻原子核内部粒子的能量少。

质子和中子统称为**核子**，且氦中每个核子的能量比氢中每个核子的能量少，碳的比氦的少，氧的比碳的少，依此类推一直到铁。假设它们能够克服相互排斥（因为它们带有正电荷），在此过程中，原子核就会相互结合，并释放能量。虽然它们带正电荷，但能把它们结合在一起的却是一种力，我们称之为**强核力**，这种强核力比**电力**强大，但其作用范围很小；因此只有原子核非常接近时，才能互相融合，在极端情况下，如恒星内部极高的密度和温度的条件下，这种情况就会发生。但是，当它们真的彼此靠近的时候，它们就会紧紧抓住对方不放。

对于比铁原子核更重的原子核，这种情况就不会发生了。这些元素的每个原子核的能量要比每个铁原子核的能量多，而这些元素的形成只能依赖巨大的恒星的爆炸，即所谓的**超新星**，因为这种爆炸可以迫使能量进入到原子核中。这就是为什么，与氧和铁这类元素相比，这样的重元素比较罕见的原因，但这并不影响较轻原子核。

实际上，这个链条的最初阶段释放出的能量最多。虽然在大爆炸中生成了很多氦，但更多的氦是在诸如太阳这样的恒星内部生成的，这是一个多步骤的过程，在此过程中，氢原子核相互结合，形成氦原子核。氢原子核只是单个的质子，随着时间的推移，其中有些必须转化成中子。每个氦原子核是由2个质子和2个中子形成的，但每次形成一个氦原子核，这个氦原子核的质量正好是2个质子和2个中子质量之和的99.3%。剩下的0.7%已转换成能量，使得太阳及与之类似的恒星不断发光。这一过程中的“核效率”是一个值为0.007的系数。就恒星内部物质转化成能量而言，这是迄今为止最重要的一步。所有的其他过程，其中包括铁的生成过程，都只把10%的物质转化成能量。因此，这个链条中的第一个步骤的效率是决定恒星寿命的最重要的因素——一旦所有的氢都用完了，其他的核聚变过程就无法使恒星长期发光了。

更重要的是，这个链条中第一步的效率，系数0.007，也与**强力**（即上文所提到的强核力，它可以把原子核结合在一起）的力量相关。如果这个数字——0.007——稍微大百分之几或稍微小百分之几，就会对强力造成影响，从而破坏共振，我们已经知道，当一个氦原子核碰撞一个短命的铍原子核的时候，只有通过共振才能形成碳。这个数字也影响着氦本身的形成方式。正如我所说，这是一个多步骤的过程。第一步，会形成一个只包含单个质子和单个中子的原子核，强力将这个质子和中子捆绑在一起，我们称之为**氘**或者“**重氢**”。核效率的值越小，相对应的强力的力量也越小。如果核效率仅为0.006，强力就会太弱，以至于无法将单质子与单中子绑定在一起，宇宙中就不会有氘或氦，更不用说比它们更重的元素了。

另一方面，如果核效率高达0.008，强力会非常强大，进而使两个质子结合在一起，根本不用牵涉到中子，从而制造出一种奇特的氦。大爆炸中所有的氢都将被转化成这种氦。其含义是复杂的，但别的方面不说，它至少将意味着像太阳这样的恒星不可能存在，因为通过我所描述的方式，无法产生氢，也就无法使之转换成氦。如果确实存在恒星的话，它们燃烧殆尽的速度会远远超过我们宇宙中的恒星燃烧殆尽的速度，也许，在围绕这些恒星运转的任何行星上，智能生物根本就来不及演化出来。无论如何，根本就没有水，众所周知，水是生命之源。

存在于这种假定宇宙中的实际元素的混合物，取决于核效率的精确值。但正如里斯总结的那样，“如果这个数字是 0.006 或 0.008，而不是 0.007 的话，以碳为基础的生物圈就不可能存在”。而这仅仅只是一个宇宙数字，还有更多的数字需要同样的微调才能适合我们的生存。

| 引力太小了，令人难以置信！ |

从逻辑上说，强力是影响物质世界的四种力中最强的一种力。还有一种力，只在原子核和粒子的层面上起作用，这种力称为**弱力**，另外两种力是我们日常生活中非常熟悉的，它们是**电磁力**和引力。尽管日常生活中我们体会最明显的力是引力，但迄今为止，它是四种力中最弱的力。引力之所以对我们如此重要，是因为由于整个地球（近 60 万亿亿公斤的物质）的牵引，我们才会有体重。这么大的数字用**指数计数制**表达就简单多了。如果用指数计数制表达，地球的质量就是 6×10^{24} 公斤，即 6 后面跟着 24 个 0。地球的全部质量所产生的引力集中到一起，才能使我们站在地球表面上，而不至于飞到空中，这就是我们所能感觉到的自己的体重。

要想正确理解引力的大小，可以将引力与电磁力进行对比——也可以将引力与电磁力的一个方面——电力，进行对比。这两种力都遵守**平方反比定律**，即两物体间的作用力与距离平方成反比关系。因此，我们是在比较同类事物。无论两个质子间的距离是多少，它们之间的电力的排斥力是它们之间引力的 10^{36} 倍。

在原子核和原子层面上，引力是微不足道的，分子由电力固着在一起，原子间引力的相互作用对分子根本没有什么影响。当然，这些电力不仅仅可以产生**排斥力**，还可以产生**吸引力**，就是这种吸引力把原子中的电子和原子核结合到一起，并使原子结合到一起，形成分子。正是在苹果柄上的少数原子（与整个地球中的原子相比是少数）间发生作用的电力，抵抗着地球中所有原子的引力的拉扯，使得苹果长在树上。在此层面上，电力和引力之间存在着一种竞争，电力试图把事物结合在一起，而引力试图把事物分开。当苹果重得掉下来的时候，地球的引力赢得了这场特殊的战斗，但它简直已经把它所有的力量都用在了这个苹果上。

发生这种事的原因仅仅是由于引力和电力在一个重要的方面存在着差异。**电荷**有两种，**正电荷**和**负电荷**，而且它们之间可以互相抵消。单个原子没有总电荷，地球也没有总电荷。但引力是可以累加的，一个物体所含的原子越多，它的引力就越强。等你把一个物体的尺寸增大到月亮或一个行星那么大的时候，它自身的引力就足以把其内部的所有物质拉拢到一起形成一个球体。但这个球体内部的每个原子仍会保留其原来的特性。当你把一个物体增大到太阳那么大的时候，它自身的引力就足以将位于球体中心的原子击碎，并把原子核挤压到一起，从而发生核聚变。恒星的大小以及什么时候恒星中的核燃料会燃烧殆尽，正是由引力的强弱决定的。

用 10（指数计数制）换算，我们人类的质量正处于原子和恒星质量的中间。太阳的质量，取其整数，为 2×10^{30} 公斤。一个像碳这样的原子的质量大约是 1×10^{-26} 公斤，指数中的减号表示小数点后有 25 个 0 和 1 个 1。一个成年人的质量，取其整数，约为 100 公斤，或 1×10^{2} 公斤。这就意味着，一个人的质量大约是原子质量的 1×10^{28} 倍，而一颗恒星的质量大约是人的质量的 1×10^{28} 倍。要想得到太阳的重量，得把多少人的重量加在一起才行呢？这个数量就等于人体中原子的数量。

这本身并不是一种巧合。人是宇宙中已知的最复杂的事物，因为大量的原子（大约 10^{28}）以复杂的方式连在一起才能构成一个人。我们每个人都是由 100 万亿个细胞构成的，这些细胞共同起作用，才能形成一个单一的生命系统。你身体中细胞的数量至少是银河系中明亮的恒星的数量的一百多倍。原子是很简单的事物，分子较之复杂一些，细胞和人类更为复杂。但是，在恒星中，事物再次变得很简单。如果你找到 10^{28} 个人，并把他们放在一处，你并不会得到一个超级复杂的生命系统。引力会压碎一切，所有复杂的结构都会遭到破坏，使之成为像太阳那样的恒星，在这颗恒星的核心，一切事物都像原子核那样简单。

人类是一种复杂的生物，除此之外，人类也接近一个极限，即一个活跃的动物能生存在地球上，其尺寸的最大值。由于电力（把事物聚拢在一起）和引力（把事物分开）之间的竞争，如果某种生物的体形较小的话，它从高处掉下来，生存的概率就更大一些——即使是人类的孩子反复跌倒后，都会毫发无伤地弹跳起来。但大型动物即使是被绊倒了，都有可能摔断四肢，更遑论从树上或悬崖上摔下来。如果想比人的个头大并且还能生存在地球上，你必须要如大象那样健壮而笨重，或像鲸鱼一样生活在大海里，在海里，水可以给你提供支撑。粗略地说，凭经验而言，一个生物的体积（即它的质量）与其线性尺寸（即其高度）的立方成正比，但其骨骼强度只与其横截面成正比，而横截面又取决于线性平方。由于质量与体积成正比，而牵拉身体（产生重量）的引力与身体的质量成正比，当身体体积增大的时候，身体（从高处）落下来时，作用在身体上的引力是身体中的骨骼无法承受的。早在 17 世纪的时候，伽利略就明白了这个道理。他写道：

> 大自然也不能制造出大到无法测量其尺寸的树，因为它们的枝

干会因为自己的重量而从树上掉下来，同样，如果人类、马匹和其他的动物的体重增加到十分巨大的程度的话，大自然也不可能为他们制造出能帮助其身体的各项功能正常运转的骨骼。

有句古老的谚语对此做了很好的总结："站得高，摔得痛。"

让我们再从另一个角度，探讨这个看上去似乎微弱得令人难以置信的引力吧。假设引力比现在强一百万倍，即使这样，它仍然只有电力的 10^{30} 分之一。这将不足以影响到原子和分子过程，所以原子和分子层面上的一切——特别是化学性质——还会像在我们宇宙中那样运转。但由于要权衡平方反比定律和**体积法则**，用于制造恒星的物质的数量只需要我们的宇宙的十亿分之一（即 100 万的平方根的三次方），而且行星也会相应小很多。任何生活在这颗行星表面上的生物也必须非常小，否则它从高处落下来，就会被摔碎。在这颗行星上，不可能存在和我们一样大的生物，也不可能存在和我们一样复杂的生物。

最重要的是，这种强引力的宇宙也是诞生于它自身的宇宙大爆炸，随后，这种宇宙就会发生膨胀，然后，这种宇宙中的强引力会把云状物质拉拢到一起形成星系，但从拉拢效果来看，这种宇宙中的强引力要比我们的宇宙中的引力更为有效，因此，所形成的星系要比我们宇宙中的星系小得多，所形成的恒星也会小得多，恒星间相距很近，以至于它们经常会发生亲密接触。在我们的宇宙中，像太阳这样的恒星寿命约为 100 亿年，而这种宇宙中的恒星，在其燃料燃烧殆尽之前，也就只能存活约 1 万年。由于这种宇宙中的化学性质与我们宇宙中的化学性质相比，没有什么特别之处，因此，在这种宇宙中，进化根本就来不及发生。如果人类要想生存的话，这种宇宙中的引力必须就得像我们宇宙中的引力一样微弱才行，这的确是一个真正的宇宙巧合。

宇宙学常数的巧合

另一个真正的宇宙巧合与宇宙的膨胀速度有关。广义相对论方程描述了引力、物质、空间和时间之间的关系。这意味着，这些方程可以准确描述宇宙的膨胀。该方程可以加入一个常数，称为**宇宙学常数**。前文中我们已经遇到过这个常数，并且用希腊字母兰布达（lambda）（Λ）表示。直到最近，这个常量似乎可以设为零。如果不加入宇宙学常数，这些方程就会把宇宙描述为：宇宙从大爆炸诞生以后，就不断膨胀，随着时间的推移和引力对膨胀的阻碍作用，这种膨胀会放缓。这一过程就像把一个球抛到空中，开始的时候，它会快速移动，但由于引力的牵引，它会减速。但 20 世纪 90 年代末，对遥远星系的观测表明，相对来说，就是在不久前（与宇宙的年龄相比），这种膨胀已经开始加速。解释这一点的最简单和最自然的方式，就是假设确实存在一个数值很小但不为零的宇宙学常数。

在这些描述重力、空间、时间和物质的行为方式的方程中，宇宙学常数可以衡量空间的某种弹性，这种弹性类似于一个压缩弹簧的弹性——真空本身具有的一种能量，该能量使得空间膨胀。该能量有时也被称为 Λ 场（Λ field）。宇宙学家认为，宇宙诞生时存在着与 Λ 场非常相似的能量，这种能量在宇宙诞生之时，给宇宙施加了一种更强大但很短暂的向外推力，正是这种推力促使宇宙不断膨胀。所不同的是，宇宙学常数很小，而且自从宇宙大爆炸以来，每立方厘米空间中的宇宙学常数似乎都是相同的。

当宇宙还很年轻、高密度物质挤压在一起时，引力的力量大大超过了真空的弹性，宇宙的膨胀几乎与爱因斯坦不带宇宙学常数的方程所描述的完全相同。但是，随着宇宙的膨胀，物质的密度已经下降，这意味着随着时间的流逝，每立方厘米空间中的引力作用已经下降。

最后，会下降到一点，在这一点上试图减缓宇宙膨胀的引力，与跟宇宙学常数密切相关的力，即，使宇宙加速膨胀的力，相比会变小。这一过程发生在数十亿年前——现在仍然需要进行大量观测才能知道它发生的确切时间。

像所有能量一样，Λ 场也有质量。通过对宇宙膨胀方式的观察，宇宙学家计算出，每立方厘米空间中的 Λ 场的质量相当于 10^{-29} 克，也可以说，在每立方米空间中，Λ 场质量相当于 4 或 5 个氢原子的质量（请记住，1 立方米等于 100 万立方厘米）。宇宙刚刚经历了从减速向加速的转换，因为目前宇宙中物质的密度比这一数字稍小一点（约三分之一那么大），但粗略地讲，物质的密度和 Λ 场的密度基本相同。这是宇宙史上一个独一无二的时代，宇宙学常数有许多谜团，而我们为什么会碰巧处于这个特殊的时刻，就是其中之一。

更难解的谜团是，为何 Λ 场的能量如此之小？那些描述粒子和场的行为的方程允许 Λ 场的存在，Λ 场与量子的不确定性相关。麻烦的是，这些方程得出的 Λ 场的最自然的值是非常巨大的——它比真实的 Λ 场大 10^{120} 倍。然而正是这种寿命短暂的场完美地解释了宇宙是如何开始膨胀的，所以物理学家对这些方程充满信心。他们很乐意接受值很大的 Λ 场，也乐于接受值恰好为零的 Λ 场（在这些方程中，总是容易得到一些常量，可以把这些常量抵消，使之恰好为零），从基本原理角度看，很难解释为什么应该有一个值很小但并不完全为零的宇宙学常数。这些方程允许这种常数的存在，但它们不太可能会这么小。

答案可能与我们的存在有关。如果宇宙学常数比它实际的数值稍微大一点点的话，Λ 场所产生的**宇宙斥力**从宇宙诞生初期就会主宰整个宇宙，从而战胜引力并阻止云状物质坍缩成恒星、星系、行星和人类。我们之所以会在这里，是因为宇宙学常数较小。这种认识促使人们用一种人择的观点来解释 Λ 场的观测值。这种人择观点最初是由史蒂芬·温伯格（Steven Weinberg）提出的，20 世纪 90 年代中期以后，其他研究者对它进行了改进，特别是亚历克斯·威廉金（Alex Vilenkin）。

怎样才能拥有一个允许智慧的观察者存在并让他们苦心思索上述问题的宇宙呢？人择观点认为要想拥有这样的宇宙，你需要一个非常小的宇宙学常数，在星系即将或刚刚形成之初，这个宇宙学常数应该小到足以主宰宇宙的膨胀。这个常数可以是小于这个限制（即足以主宰宇宙膨胀）的任何值，但如果你可以从各种各样的小于这个限制的值中，“选择”一个值的话，有统计论据表明，最可能的值不会比这个**人择限制**小很多。同一个统计论据还预测，如果你从人群中随机选择一个人，这个人是个矮子的可能性并不大。因此，当我们发现我们所生存的宇宙中的宇宙学常数比其可能的最大值稍微小一点，而不是小很多，而且它允许智慧的观察者存在的时候，我们不应感到惊讶。这就是亚历克斯·威廉金常说的“地球般平庸原理”的一个例子。毫无疑问，允许星系存在的 Λ 场，其可能的最大的值是与某一密度相符的，这一密度大约为当今宇宙中物质密度的 10 倍。但是，与这个 Λ 场的实际值相对应的密度大约比今天宇宙中的物质的密度大 3 倍。而我们正处于宇宙从减速向加速转换的时期，因为，正是在这一时期，星系主宰着整个宇宙。

如果可以选择宇宙——如果多重宇宙是真实的——那么，在多重宇宙中应该有很多适合像我们这种生命形式生存的宇宙，这种宇宙中的宇宙学常数值应该正好是宇宙学常数的观测值。通过以上论述，多重宇宙存在的证据逐渐积累起来，但是，还有更多证据呢！

平滑的宇宙海中的涟漪

下面我们要同时探讨两个宇宙学数字，同时探讨这两个宇宙学数字是很有道理的，因为它们共同告诉我们，宇宙平滑得出奇，但宇宙中又包含了很多足以允许我们生存的**褶皱**。如果你仰望夜晚的天空，或当你审视着用灵敏的天文相机拍摄的夜空的照片的时候，这种平滑并不明显。我们所能看到的只不过是，黑幕下的光斑——恒星和星系。然而表象有时具有欺骗性。

穷其一生，天文学家都无法看到星系划过天空，即使是把一千个人的寿命加在一起，在这段时间内，他们也无法看到星系在天空中移动。以人的标准看，星系在高速行驶，就是因为它们离我们太远，所以它们的运动并不明显。但通过多普勒效应（Doppler effect），我们可以测量单个星系的运动和旋转方式。某个物体所发出的光的光谱的改变，可以揭示该物体的运动方式。通过单个星系的旋转方式和单个星系在成群的星系即星系团中的运动方式，再通过计算机模拟膨胀的宇宙中，引力将物质拉扯到一起形成星系的方式，我们能够非常准确地知道宇宙中到底有多少物质，以及这些物质大体上是如何分布的。

在测量宇宙中物质总量时，宇宙学家并不是把宇宙中的全部实际质量加在一起，而是计算宇宙的平均密度，宇宙的平均密度通常是用希腊字母奥米伽（omega，即 Ω）表示。Ω 的确切值与宇宙的膨胀速度相关，同时，也与宇宙的最终命运相关。让我们暂时撇开宇宙学常数不谈，膨胀（使宇宙越来越大）与引力（试图阻止宇宙膨胀并使宇宙坍缩）间存在着竞争。如果密度足够大，引力就会获胜；如果密度小的话，膨胀就会胜利，而宇宙就会不断膨胀下去。但是有一个特殊的密度值，称为**临界密度**，在这种密度下，膨胀和引力处于平衡状态。如果膨胀和引力处于平衡状态的话，宇宙会不断膨胀下去，但这种膨胀会越来越慢，直至它实际上徘徊在坍缩的边缘。

简单地说，引力作用的方式意味着，如果宇宙曾经具有临界密度的话，它就会停留在这个刀刃上（即徘徊在坍缩的边缘），因为虽然随着宇宙的膨胀，密度会减少，而且从这个意义上说，引力也会减弱，但是，与此同时，宇宙的膨胀也会放缓到一定的程度，以保持这一平衡。为方便起见，宇宙学家将临界密度定义为 Ω=1。他们测量出今天宇宙中物质的实际密度是临界密度的几分之一。临界密度相当于每立方米空间中存在约 5 个氢原子——这一数字也许为我们敲响了警钟。

观测和计算机模拟表明，今天宇宙中物质的密度略大于临界密度的四分之一。更确切地说，Ω（物质）=0.27，相当于每立方米空间中约有 1 个氢原子。乍一看，单从这个证据推断，宇宙似乎注定要永远膨胀下去。但这一数字有些古怪之处，宇宙学家早在几十年前就提出了这个谜题。

只有当 Ω 值恰好为 1 时，引力和膨胀之间才会保持平衡。如果宇宙从大爆炸诞生时的密度，比临界密度略大一点点，引力会迅速将物质吸引到一起，从而会阻碍宇宙的膨胀，使 Ω 值变得越来越大。这将使宇宙自身在“**大坍缩**”中崩溃。如果宇宙从大爆炸诞生时的密度比临界密度略低一点点，膨胀就会使事物变得越来越稀薄，同时会使 Ω 值越来越小。这两个过程都是偏离的过程——随着时间的推移，对于 Ω=1 的偏离会迅速加大。

宇宙大爆炸发生在 137 亿年前，而宇宙在这段时间内一直在膨胀，这种膨胀几乎很少受到宇宙学常数的影响。为了使宇宙的寿命能够持续这么长时间，而且为了使宇宙在这段时间内不会变得稀薄，以至于根本无法形成恒星和星系，在宇宙形成之初的第一秒，Ω 值一定非常接近 1。事实上，任何对 1 的偏离必须小于 $1/10^{15}$（10 的 15 次方分之一，即 100 万亿分之一）。也就是说，宇宙的密度从一开始就不是 1，它与 1 相差的数量为小数点后面带 14 个零和一个 1。如果初始密度是随机“选择”的，我们人类存在的概率就几乎为零了。由于临界密度是唯一特殊的密度，因此，不难想象一定存在某种自然定律，这种定律要求 Ω 必须等于 1，但是很难想象会存在一种自然定律要求 Ω=0.27。20 世纪 90 年代，许多宇宙学家都相信，对它的唯一解释是，Ω 值确实正好为 1，而且一直都是 1。在这种情况下，构成宇宙另外四分之三的“失踪”的物质到底在哪里呢？

还有一种复杂情况。对核相互作用的了解，使物理学家成功地计算出，在大爆炸所产生的物质的混合物中，一定包含 75% 的氢和 25% 的氦，核相互作用也同样成功地解释了，其他元素是如何在恒星中制造出来的，它还告诉我们，在大爆炸产生的火球中制造了多少核（**重子**）材料。就密度而言，宇宙中重子材料——制造恒星、行星和人类的材料——总量不可能超过临界密度的 4%。通过星系的移动方式可以得知其他物质的存在，它们占了临界密度的 23%，这些物质肯定是以某种暗物质的形式存在的，但在地球上尚未发现这种物质。寻找这种暗物质是当今粒子物理学最迫切的奋斗目标之一，但我们目前可以明确地说，而且对这本书而言也非常重要的是，暗物质确实存在，并且非常均匀地分布在空间中，而且正是暗物质的引力将重子物质（主要是氢和氦）拉入**引力坑洞**，星系在引力坑洞中的形成过程，类似于水坑在维护得极为糟糕的道路上的形成过程。

我相信你已经明白接下来会发生什么事了。20 世纪 90 年代末，有些观察者非常震惊地发现，宇宙正在加速膨胀。他们之所以感到惊讶，是因为他们不是宇宙学家，不知道宇宙学家正在试图找到一种方法，将宇宙总密度凑足到临界密度。但是，许多宇宙学家听到这条新闻后都感到非常高兴。另一种解释宇宙中的 Ω=1 的方式是，认为宇宙“从空间上来说是平坦的”；1996 年，就在发现宇宙在加速膨胀的两年之前，我出版了一本书，书名为《大宇宙百科全书》（*Companion to the Cosmos*）。正像我在本书前文中所总结的那样，在此书中，我也对这种情况进行了总结，书中写道：“如果宇宙学家希望保留宇宙的空间是平坦的观点……他们可能不得不重新引入宇宙学常数的观念。”要想将所有的物质完美地组合到一起，必须要有一个能量密度相当于临界密度 73% 的 Λ 场，现在，有时将这种 Λ 场称为“暗能量”。但这仍留下了一个难题，即为什么 Ω 应该无限地接近 1？而解决这一难题的最好办法，就是看一看宇宙学家所说的宇宙空间是平坦的，到底是什么意思。

宇宙的三维**平坦性**就相当于一张纸铺在我的二维桌子上的平坦性。地球的表面几乎是一个二维表面，从这种意义上说，它就像一张平坦的纸，但它自身会发生弯曲从而形成一个球体。人们认为地球的表面是**封闭的**，因为它没有边缘，如果你从地球表面上的某一点出发，朝着一个方向持续走下去，最终你会回到出发的地点。广义相对论告诉我们，三维空间可以以类似的方式弯曲，而且这些推测已经得到了证实，人们通过观察发现，当光经过像太阳这样的大质量的天体的时候，好像发生了弯曲。发生这种弯曲实际上是因为，光在穿越弯曲的空间时，会寻找最短路径。在三维空间中，这个有封闭表面的球体就相当于一个没有边缘的**封闭的宇宙**，这种封闭的宇宙自身也会发生弯曲，在这种宇宙中，如果你朝着一个方向持续走下去，最终你会回到出发的地方。这样的宇宙类似于一个非常大的黑洞。在二维空间中的另一种可能性是，其表面的形状为马鞍状或山口状，向四面八方永远延伸下去。这是一种开放的表面，这种表面没有边缘，因为它是无止境的，在这种表面上，你可以永远朝着一个方向走下去，而永远也不会回到同一个地方。在三维中，与它相对应的是一个**开放的宇宙**。如果没有宇宙学常数，一个封闭的宇宙的膨胀总有一天会停止，它自身还会发生坍缩。一个开放的宇宙注定要永远膨胀下去，如果有宇宙学常数的话，封闭的宇宙也可能会永远膨胀下去。

三维空间的形状取决于其内部的物质密度（或取决于其内部的物质和能量），因此，用这种方式描述的封闭的、平坦的和开放的宇宙正好与前文中探讨的膨胀宇宙的三种命运相符，其中与平坦的宇宙相对应的是宇宙的密度为临界密度，即 $\Omega=1$。

膨胀抚平了宇宙中的褶皱，并使之变得更平坦。把它跟皱巴巴的西梅干对比一下，把西梅干放在水中胀大，它上面的皱纹就会被理顺，表面也会变得更平滑（其原理与用美容疗法去除人脸上的皱纹的原理相同）。试想如果把西梅干膨胀到地球的大小，其表面真的会非常光滑，而且人们在这样的表面上行走时，根本无法明显地感受到它的弯曲——这就跟我们的祖先无法明显地感受到地球是圆的，而不是平坦的一样。

有关宇宙的空间平坦性，解释得最好的是，在宇宙诞生初期，即在它诞生的最初的一瞬间，发生了类似上文的事情。当时，强有力但短命的相当于现在的 Λ 场的东西引发了宇宙的急剧膨胀，在此过程中，即在 10 的几十次方分之一秒的瞬间，宇宙的尺寸增大了很多很多倍，最后形成了现在的可见宇宙这么大的尺寸。正是由于这个显而易见的原因，这一过程被称为**暴胀**，本书第五章将探讨暴胀；宇宙暴胀结束时，仍然是在小于 1 秒的时间内，形成了一个炙热的不断膨胀的火球，在这个火球内部，空间已变得非常平坦（这可以解释为什么 $\Omega=1$），只有非常小的褶皱为星系的形成留下了种子。虽然我会在后文中详细探讨暴胀，但我们现在需要记住一点，即虽然这可以解释宇宙的平坦性和**平滑性**，但整个暴胀过程有可能提前停止，这样演化下来的宇宙将有更多的褶皱，其 Ω 值会与 1 截然不同。从这个意义上说，还会存在很多种可供选择的宇宙。

根据星系团中星系的聚集方式，我们可以测量今天宇宙的**块度**。每个星系团都是由数千个星系组成的，与我们的银河系类似，每个星系都是由数千亿颗恒星组成的。引力把星系聚集在星系团中，星系围绕它们共同的**质心**运转，星系运动的速度可以由多普勒效应测量。有了这个信息，就可以直接计算出星系得运行多快才能脱离星系团，从而使星系团逐渐消失。这就需要给整个星系团输入一定的能量，而能完成这项工作所需的能量可以用来测量引力将星系聚集到一起的紧密程度，而这种紧密程度又可以测量宇宙偏离其平滑性的程度。

然后，将这一能量与星系团的总能量——它的“**静质能量**”——进行对比，星系团的总能量可以从爱因斯坦的等式 $E=mc^2$ 中获得。在整个宇宙中，无论这个大型的星系团位于哪个方向，到目前为止已被调查的每个大型星系团中，这两种能量的比率都为 1 比 100000。今天的宇宙中，偏离平均密度最大的数值只是平均密度的 10^{-5}（0.00001）。这就相当于，在一个地球大小的星球上，没有高于 60 米的山丘。我们可以用 10^{-5} 这个数字，来衡量平滑的宇宙海洋中涟漪有多么小。

物质宇宙的主体是由黑暗物质构成的，而星系只是这些黑暗物质的可见的示踪剂。正如圣诞树上的灯光可以照亮这棵树的轮廓一样，星系也可以告诉我们黑暗物质聚集最多的地方的轮廓。这意味着形成星系团的“坑洞”是对暗物质平均密度的微小偏离，即只超过平均密度的十万分之一（1.00001 乘以平均密度）。21 世纪第一个 10 年，**观测宇宙学**的伟大成就之一，就是探测出这种褶皱在**宇宙背景辐射**中的确切比例，即十万分之一。这意味着，确实在很久之前，当宇宙还很年轻的时候，这种褶皱就已经存在了，而这种褶皱就像种子一样将会成长为星系团。

但是，假设这种褶皱的尺寸是不同的，又会出现怎样的情形呢？如果临界值小于 10^{-5}，就很难产生褶皱。如果临界值小到 10^{-6}，只是实际值的十分之一，恒星和星系将根本就不可能形成。另一方面，如果临界值比 10^{-5} 大得多，就会更容易形成结构——太容易了，因为大量的物质会迅速集中到一起，然后，迅速坍缩为特大质量的黑洞，星系根本就没有机会形成，也就不会有生命的演化了。如果这个数字是 10^{-4}，比我们宇宙中的临界值大 10 倍，仍然会发生有趣的事情，就有可能形成巨大的单个的星系，每个星系中所包含的物质，就如同我们宇宙中的整个星系团所包含的物质一样多。但是，如果该数字为 10^{-3}，只比我们宇宙中的临界值大 100 倍，那宇宙中将只会有黑洞和辐射。

此处，我们再次遇到了宇宙学巧合。为什么无论这一宇宙学数值是多少，宇宙都一定会（在暴胀后）诞生于大爆炸，而在所有的数值中，只有一个值才能允许星系、恒星和人类的存在？从物理定律角度看，我们还不清楚原因何在。如果这个涟漪再小一点的话，就不会发生什么令人感兴趣的事了；如果这个涟漪再大一点的话，宇宙又会过于剧烈。

宇宙巧合的例子举不胜举。接下来我将探讨这些巧合对多重宇宙的启示，但在此之前，我想谈谈宇宙的另一种特殊性，一种关于宇宙的更根本的古怪性。为什么这些涟漪，以及到目前为止我讨论过的一切，都发生在三维空间中呢？

| 三维适合人类生存，多维不适合 |

大多数人从未想到过质疑这一事实，即宇宙存在于三维空间和一维时间中。人们会认为事情本来就是这个样子的。为什么我们认为理所当然的事情正好就是那个样子的？一些最重要的科学发现都是从询问这个问题开始的——举一个著名的例子，为什么苹果会从树上落下来？为什么月亮绕着地球转？这类问题使艾萨克·牛顿洞悉了引力本质。在此处，举这个例子是非常合适的，因为空间有三维这一事实与牛顿的观点关系密切。17 世纪 80 年代，牛顿论述说，类似地球的行星位于类似太阳的恒星的稳定的轨道上，要遵循最重要的定律之一——引力的**平方反比定律**。根据这一定律，两物体之间的吸引力与这两物体之间的距离的平方成反比关系。爱因斯坦的广义相对论，用弯曲的空间解释这种关系，但是这并不影响基本观测事实，即这一定律确实是以这种方式发挥作用的。爱因斯坦提出广义相对论后，并没有推翻牛顿关于引力的描述，而是将牛顿的描述囊括其中——苹果不会以不同的方式从树上掉下来，月亮也不会改变它的运行轨道。

有趣的是，平方反比定律是允许存在稳定轨道的唯一的定律。以**负反馈**为例，在我们的宇宙中，如果地球的轨道无论向哪个方向稍微偏移一点点，它绕着太阳转的速度加快或减慢一点，平方反比定律就会将它调整回目前的轨道。这是由于地球在其轨道上的运行速度与太阳对它的吸引力之间保持着平衡——简单地说，就是**离心力**和引力之间的平衡。但假如存在这样一种宇宙，在这种宇宙中，引力定律如果遵循**立方反比定律**的话，行星的运行轨道将是不稳定的。在这种宇宙中，如果一颗行星的运动略微放缓，并且离它的太阳稍近时，它就会感受到这个太阳施加给它的一种强大的力量，这种力量把它螺旋向内拉向太阳，直至把它拉入太阳中而消亡（引力胜）；在这种宇宙中，如果一颗行星的运动略微加快，并且稍微远离它的太阳时，这个太阳对它的吸引力就会减弱，它就会漂入太空（离心力胜）。在这种宇宙中，即使是非常微小的变化，如由一个陨石撞击而引发的变化，都将是灾难性的，这是**正反馈**作用的结果。不光是立方反比定律，在其他种类的引力定律作用下，也会发生类似的事情。离心力和引力之间的平衡，允许行星沿着稳定的轨道运转，而离心力和引力之间的平衡只会遵守平方反比定律。

此外，广义相对论指出，万有引力定律的**维数**总是比空间的维数少1，广义相对论用这一点来解释平方反比定律。在二维空间中，两个物体间的引力与它们之间的距离成反比；在四维空间中，两个物体间的引力与它们之间的距离的立方成反比，以此类推。因此，行星的运行轨道只有在三维空间中才是稳定的。

大概就在研究人员发现以上规律的时候，即20世纪的前30年，他们还发现，电磁方程组〔19世纪，苏格兰人詹姆斯·克拉克·麦克斯韦（Scot James Clerk Maxwell）发现了此方程〕也只能适用于三维空间和一维时间的宇宙中。在我们的宇宙中，引力使行星在其轨道上运行，而电磁把原子和分子聚集在一起构成了人类。1955 年，就在休·埃弗莱特提出多世界构想之前，英国宇宙学家杰拉尔德·惠特罗（Gerald Whitrow）就曾经提出，我们所观察到的、同时也是我们正在居住的宇宙，在空间上只有三维，是因为观察者只能生活在三维空间（加上一维时间）的宇宙中。如果生命只能在三维空间生存，而且我们确实活着，那么发现我们自己处于一个三维空间的宇宙中，就不足为奇了。[1]

但是，这并不是说，其他维度的宇宙是不可能存在的——只不过，这样的宇宙无法孕育生命。从 20 世纪 50 年代起，这种观点导致了宇宙 **"系综"** 这个概念的发展，世界的某些地方存在着所有可能的宇宙，但生命只能存在于那些条件适合生命生存的宇宙中。这种系综观点从多世界构想的量子解释中独立发展出来，它的提出早于多重宇宙一词现代意义的使用。从其基本形式看，它并没有告诉我们其他那些宇宙到底在哪里，但它的确为宇宙巧合提供了一种解释。

生命的抽奖

如果打比方的话，用抽奖打比方最好。此次抽奖必须选取六个数字，才能有一次赢得大奖的机会。假设几百万人每人选取了一组六位数字，最后只有一组六位数字能被抽到，成为赢家。活动结束后，中奖彩票会显得很特别。但从根本上说，这组六位数字根本毫无特别之处。从抽奖的本质看，必须要有人赢，在抽奖前，每张彩票获胜的机会是均等

〔1〕 在任何情况下，生命似乎都不可能存在于二维宇宙中，因为在这样的宇宙中，无法形成复杂的结构。例如，在二维宇宙中，你不可能建成这样一套类似神经的电线网络，在这种网络中，电线彼此之间不交叉，也不接触；同样，在二维宇宙中，也不可能存在内部有一个像消化道那样的通道而仍能保持完整的物体。正如杰拉尔德·惠特罗（Gerald Whitrow）所说，"在三维或多维中，无论有多少细胞，它们之间都可以两两连接，而不需要连接点；但在二维中，最多只能有四个细胞相互连接"。

的，注定有一个人是幸运的。

也许，允许像我们这样的生命形式存在的宇宙数字的集合就像抽奖中的六位数字一样。如果真的存在一系列宇宙，在所有这些宇宙中，包含了各种不同的宇宙学数字组合，智慧就只会出现在那些宇宙巧合获胜的少数的宇宙中。这些宇宙从其他宇宙中脱颖而出，是事后才知道的——因为有我们或与我们智力相当的生物，能够在那里观察它们。但从根本上看，这些特别的宇宙毫无特殊之处，它们当中每一个都是宇宙巧合的各种均等可能组合的结果。也许在生命的抽奖中，我们的宇宙碰巧中奖了。如果是这样的话，宇宙巧合就没有什么特殊“意义”了。

里斯更喜欢另一个比喻，在一家规模较大的商店中，挂满了现成的西服。如果这家店的挂钩上，挂满了足够多的不同尺码的西服的话，任何人从街上走进来，都会发现一件完全合身的西装，这是毫不奇怪的。这并不意味着那件西服是为他们量身定做的，同样，宇宙巧合的存在也并不意味着我们的宇宙是特别为我们量身定做的。如果在挂钩上确实挂着无限数量的不同尺码的西服的话，你肯定会找到一件完全合身的西服。如果存在无限数量的宇宙的话，肯定会至少有一个宇宙适合生命生存。1968 年，英国动物学家卡尔·潘廷（Carl Pantin）用略为正式的语言对它进行了描述：

> 物质宇宙的属性是唯一适合生物进化的。如果我们能够知道，我们的宇宙只不过是无限数量的、拥有各种各样属性的宇宙中的一个的话，我们也许可以找到某种类似于自然选择原理的解决方案，即只有某些宇宙的条件是适合生命生存的，我们的宇宙碰巧包含其中。除非该条件得到满足，否则将不可能存在可以关注到这一事实的观察者。

正如我将在第七章探讨的那样，特别值得一提的是，有一位宇宙学家从自然选择的比喻中得出了逻辑结论。这是试图解释其他宇宙到底在哪里（或存在于什么时间）的七种尝试之一。宇宙巧合让我们有更充分的理由相信，其他的宇宙确实存在，虽然我们还不知道其他宇宙可能存在于什么地方。量子物理学的多世界诠释，为我们构建其他的宇宙提供了一个良好的科学机制，虽然我们根本不“需要”这些宇宙。将这两个比喻结合起来，我们已经把其他宇宙确实存在的事实解释得非常清楚了。在本书后面的章节中，我将探讨构建其他宇宙的其他机制，但在此之前，我想为多世界解诠释做一个合乎逻辑的总结，它可以让我们用一种新的方式来思考空间和时间，甚至无须考虑改变物理学“常数”。与此同时，我们将会探讨量子计算机，量子计算机可能很快就会成为多世界理论最伟大的胜利，而且它还为我们提供了多重宇宙存在的证据。

chapter

3

量子位元和时间流逝

拥有两个大脑 / 量子计算机探索 / 杀手级应用 / 实用性 / 这一切发生在何处？ / 多重宇宙的比喻 / 这一切发生在何时？ / 时间流逝 / 更广阔的天地

埃弗莱特所描述的其他世界真的能够直接影响我们的世界吗？答案通常是“不能”。然而，当今多世界诠释的主要倡导者戴维·多伊奇却认为这种事每时每刻都在发生。他还认为，原则上我们可以建造一台智能（或者至少是有自我意识的）计算机，它将能感受到多世界中的少数几个世界在相互作用时所产生的影响，然后把这种感受告诉我们。

对于多重宇宙的存在，多伊奇深信不疑，而且他毫不质疑多世界诠释的正确性。例如，他认为各种不同种类的宇宙的确存在，他自己的不同版本就生活在这些宇宙中，在某些宇宙中他是（不是“可能是”，而是“的确是”）一位就职于剑桥大学而非牛津大学的教授，而在其他宇宙中，他根本就不是科学家。从更大的尺度看，许多科幻小说中都描述过“可供选择的历史”，在有些历史中，恐龙从来没有灭绝过，相反，它们的智力和文明都发展到了可以与我们人类相匹敌的水平。多伊奇认为这种事情可不只是幻想——“毫无疑问”，某些宇宙的确存在，在这些宇宙中，恐龙已经建造出城市、宇宙探测器和装有硅芯片的计算机。之所以得出这样的结论，是因为“物理定律就是这样告诉我们的”[1]。“如果在原子层面上存在多宇宙，在猫的层面上则不可能只存在单一的宇宙。”

---

〔1〕 请参阅朱利安·布朗（Julian Brown）所著《思想，机器和多重宇宙》（*Minds, Machines and the Multiverse*），书中有对多伊奇的采访。

多伊奇和埃弗莱特的多重宇宙观点有一个重大区别。如果用多世界诠释最初的（现在可称之为传统的）语言描述的话，每当宇宙面临量子可能性选择的时候，它就会发生“分裂”，分裂这个词会使人们的大脑中产生一棵多分支的树的图像，但不幸的是，这一图像给我们的暗示是树上应该有一根“主干”，所有分支都是从这根主干上生成的。这个词还引出了一个令人困惑的谜题——我们在地球上所做的双缝试验，即让一个电子穿过这个孔或另一个孔的试验，又怎么能为整个宇宙（其中包括每一个遥远的类星体）的一分为二负责呢？但多伊奇所描述的图像是拥有相同起源的各种不同种类的宇宙，在一个宇宙中，电子穿过了孔A，在另一个宇宙中，该电子穿过了孔B，自此，这两个宇宙的历史就产生了差异，但在整个过程中，任何事物都没有发生过分裂。这就像是一座无限的图书馆，馆藏有各种各样的书籍的复制品，这些书的第一页都以相同的方式开始，但随着你阅读的深入，每本书中的故事与其他书中的故事逐渐偏离，以致差别越来越大。只要你不排斥无限这种观点——你必须要考虑这些观点——上面提到的图书馆图像要比下面将要描述的图书馆图像更令人满意。在这个图书馆中，最初只有一本书，随着你阅读的深入，这本书不断分裂出越来越多的不同的书籍。多伊奇进一步阐释说，多世界诠释允许宇宙重新融合在一起（用传统语言表达），或允许宇宙再一次完全相同（这是多伊奇喜欢使用的表达方式），这就像是图书馆中的两本书虽然发展脉络不尽相同，但最后出现了同样快乐的结局。多伊奇之所以会有这种见解，源于他对量子干涉过程有着自己独到的见解。

拥有两个大脑

在量子双缝实验最基本的版本中，每次只向两个孔发射一个光子。

埃弗莱特解释说，这将导致宇宙分裂成两个宇宙群。在其中一个宇宙群中，一个特定的光子穿过了一个孔，而在另一个宇宙群中，该光子穿过了另一个孔。但是，多伊奇却认为无论光子穿过了哪个孔，在实验另一边，它最终都会处于所形成的干涉图案的相同位置，仿佛这两个宇宙群又重新融合成一体。“分裂”观点只关注实验内部是怎么回事，而不关注整个宇宙阵列。只有在“选择”到底穿过哪个缝时，才会触发进一步的事件（如猫的死亡与生存），也就是在此时，这两个宇宙群开始分道扬镳，并沿着不同的路径发展下去。

按照多伊奇的说法，这就好像是两本书，开始时这两本书中的故事是完全相同的，都是关于某位英雄的冒险，但当这位英雄决定如何过河时，这两本书就产生了差异，他有两种选择，涉水过河或通过桥梁过河。在其中一本书中，他选择了涉水过河，而在另一本书中，他要通过桥梁过河。过河后，这两本书的故事又完全相同了。同样，只有当“选择”进一步激发了某一事件（如这位英雄在涉水过河时发生了意外，溺死在水中）时，这两个宇宙群才会分道扬镳，并沿着不同的路径发展下去。

多伊奇就是这样看待干涉的。在《真实世界的脉络》(*The Fabric of Reality*）中，他探讨的实验不是只有两孔，而是有多孔。他在书中阐述说，当一个单光子进入该实验时：

> 它会穿过其中一个狭缝，然后它会受到某物的干涉从而发生偏离，偏离的方式取决于其他狭缝的开口方式；
>
> 干涉物已通过其他一些狭缝；
>
> 干涉物的行为方式完全类似光子的行为方式……
>
> ……但它们是不可见的。

如果某物看起来像鸭子，叫起来像鸭子而且它还下蛋的话，那么它就是鸭子。假如按照这一原则推理的话，多伊奇认为这些“干涉物”就是光子——多重宇宙的平行现实中的光子。他的结论是：

> 每一个亚原子粒子在其他宇宙中都有其对应物，只有这些对应物才会干涉它。它不会受到那些宇宙中任何其他粒子的直接影响。因此，只有在特殊情况下才能观测［量子］干涉，即在粒子的运行轨迹与它的**影子对应物**先相互分离，然后又重新汇合的情况下……只有非常相似的宇宙间发生的干涉才会足够强大，从而能够被检测出来。

多伊奇试图找到一种最佳方法，来证明他解释的过程是正确的，他构想出一个人造大脑，这个人造大脑可以记住量子实验对它的影响。当一个光子或电子穿过与双孔实验类似的装置上的孔时，它真的会拥有两个大脑。

多伊奇探讨了构建一个人造大脑的可能性，这种大脑的记忆是在量子层面运行的，因此，它可以直接体验量子现象。这台计算机不仅可以记录其自身进行的实验，还能够在实验过程中的任一时刻报告它的感受——很简单，它可以打印实验过程的实况报道。鉴于当前计算机技术的迅猛发展，在21世纪结束之前，我们就极有可能制造出这种计算机。在这种计算机上进行的实验比基本的双缝实验稍微复杂一些，但这些实验相当于一台自带一条线路的计算机，这条线路可以把依次经过双孔的单电子或光子汇合到一起，而且该计算机的智能可以感知到实验效果。多伊奇预计，这种智能马上就能感知到该粒子走了两条路径，因为用埃弗莱特的话说，这种智能会分裂出自身的两个复制品，随后再合二为一。

但是，由于人类观察者根本无法感知到这一过程，因此人类的确很难描述这一过程。分裂发生时，会出现两个观察者的复制品和两个计算机智能的复制品。因此，在实验过程中，人类操作员将会询问计算机，在这两种可能的路径中，单电子或光子到底穿越了多少种路径。多伊奇的回答能够精准地反映出他的思想精髓，他认为计算机会说："我只观察到了这两种可能的路径中的一条路径，只有一条路径。"而且，该计算机在两个不同的宇宙中都会给出相同的答案。最后，实验结束时，即这两个宇宙又合二为一时，观察员（包括人和机器）都将看到一个干涉图案，从而证明了埃弗莱特多世界诠释的正确性。如果多世界诠释是错误的，干涉就不会发生了。

其中，有一点至关重要，那就是观察者不能询问计算机电子或光子穿越了这两条内部路径中的哪一条。因为只要计算机向我们揭示了这个问题的答案，世界就会永远分裂为两个，也就不会发生干涉了。这跟经典的双缝试验的道理相同，在经典的双缝试验中，如果实验员查看电子到底通过了哪个狭缝，干涉就不会发生。这就相当于旧哥本哈根诠释中波函数的坍缩。按照哥本哈根诠释的观点，计算机或者会报告说它同一时刻感受到了两种可能性，而且发生了干涉；或者会报告说，它就感受到一种可能性，而且没有发生干涉。计算机永远也不会说，它只感受到了一种可能性，却发生了干涉。

即使在多重宇宙中，计算机智能也永远不会记得它曾有过被一分为二的经历。这是该实验运转方式的必然结果，多伊奇说，计算机必须"消除那部分记忆，即到底［它］在观察两个可能性中的哪一个可能性"，究其原因，就是因为干涉。[1] 如果计算机真有智能，通过分析实验记录，它就可以推断出它一定是被一分为二了，但它不可能记得它有两

〔1〕 参见《原子中的幽灵》（*The Ghost in the Atom*）。

个大脑时的感觉。

多伊奇本人对建造以量子原理为运转机制的实用的计算机产生了浓厚的兴趣，因为这些运转原理能够揭示多重宇宙的本质。早在1977年，多伊奇就提出了建造量子计算机（现在的说法）的构想，尽管他当时唯一感兴趣的是建造一台真正的物理机，用以测试多世界构想。他对这种机器的实际应用不怎么感兴趣，但事实证明，这种机器拥有非常重要的应用价值，人们值得投入大量的资金来建造一台可运转的量子计算机。20世纪80年代初期以来，多伊奇在量子计算领域做出了许多重要的贡献，尽管量子计算机器现在还过于简单，无法完成测试多世界诠释的任务，但量子计算已经成为现实。多伊奇认为，这些过于简单的机器能够运转，就是多重宇宙存在的有力证据。

| 量子计算机探索 |

传统计算机——通常被称为“经典”计算机——存储和处理的信息由**二进制数字或位**构成。它们就像普通开关一样，有开关或上下两个位置。开关的状态用数字0或1代表，一台计算机的所有活动都涉及以适当的方式改变这些开关的设置。当我用文字处理程序在自己的电脑上书写着您正在阅读的句子时，我的电脑正播放着音乐，并且以实时连接的方式连接到了我儿子位于布赖顿（Brighton）店铺中的电脑的摄像头，我的电脑屏幕的一角正显示着我儿子电脑上的摄像头拍摄到的画面，而且还有一个电子邮件程序正在我电脑的后台运行，一有新信息，它就会及时提醒我接收。计算机能够完成这些工作以及其他一切它所能完成的工作，都是因为在计算机“大脑”内部，不断移动和处理着由1和0构成的字符串。

8个这样的位元构成一个**字节**，因为我们采用的是二进制而非十进制，如果自然地向上累加的话，得数不是10、100、1000……而是2、4、6、8、16……2^{10}是1024，这个数字约为1000，而我们习惯用十进制，因此1024字节称为1千字节（kilobyte）。同样，1024千字节称为1兆字节（Megabyte），而1024兆字节称为10亿字节（Gigabyte）。我笔记本电脑上的硬盘驱动器可存储160GB的信息，它的“大脑”——**处理器**——最多可以同时处理2GB的信息，所有这些信息都是以1或0所构成的字符串的形式进行处理的。

但是，量子计算机与我的电脑截然不同。在量子世界中，诸如电子这样的实体可以处于一种叠加的状态中。这就意味着，与薛定谔的猫类似，量子开关在叠加状态时，可以处于两种状态，即同时开和关。例如，电子本身有一种名为**自旋**的属性，它与我们日常生活中的自转并非一回事，但我们可以把它理解为电子指向上或指向下。如果“向上”与0对应，“向下”与1对应，我们就有了一个二进制的量子开关。在适当的情况下，它可以同时处于指向上和指向下的状态。

一个处于叠加状态的单量子开关，可以同时存储数字“0”和“1”。从经典计算机的语言中引申一下，可称这种量子开关为**量子位元**，它是quantum bit（量子位元）的缩写，读做“cubit”。量子位元的存在给了我们令人兴奋的暗示。例如，两个经典位元可以表示从0到3这四个数字中的任何一个数字，因为它们可以是后面这四种组合中的任意一种：00、01、10和11。要想同时表示全部的四个数字（0、1、2和3），需要有四对位元——实际上，就是一个字节。但仅仅用两个量子位元就可以同时表示全部的四个数字。用这种方式存储数据的位元（或量子位元）的集合称为一个**寄存器**。一个由8个量子位元（一个**量子字节**）构成的寄存器不是同时表示全部的四个数字，而是可以同时表示全部2^8个数字，即一个量子字节可以存储256个数字。或者按照多伊奇的说法，它可以代表多重宇宙中的256个不同的宇宙，同时这些宇宙还能以某种方式共享信息。

在一个正常运转的量子计算机上，任何操作都会涉及对1个量子字节所代表的256个数字中的任何一个数字的处理，而且任何操作在所有的256个宇宙中都是同时进行的。这就如同在我们的宇宙中，我们拥有256台不同的经典计算机，每一台计算机都在解决问题的一个方面；还如同我们只拥有一台计算机，但这台计算机必须要运行256次，每次处理256个数字中的一个值。展望未来，一台拥有30量子位元处理器的量子计算机，它的计算能力将会相当于每秒浮点运算为10万亿次的传统计算机的计算能力，即传统计算机比30量子位元的量子计算机运行速度慢10000倍。由此可见，量子计算机的运算能力是非常惊人的，但关键在于如何找到一种方法，使得运算结束时我们能够获取到有用的信息——让不同的宇宙，以正确的方式互相干涉，从而产生一个我们可以理解的"答案"，与此同时，有用的信息还不能受到损坏。

1985年，多伊奇在一篇科学论文中首先强调了基于**"量子并行性"**的计算机的能力。但是，他同时也意识到，这种计算机的应用前景极为有限，因为一个宇宙的居民无法直接观察到所有平行宇宙中的计算结果。只有当量子计算互相干涉时，所有相关宇宙中的观察者才会观察到有限数量的信息。举一个极端的例子，这个例子会使我们联想起《银河系漫游指南》（*The Hitchhiker's Guide to the Galaxy*）中计算机"深思"（Deep Thought）的行为，你可能运行了量子计算机并且得到了一个答案，但你却并不知道有人提出了问题，因为这个问题是其他宇宙中的一个操作员（或许多操作员）提出的。

因此，即使你拥有一台可运行的量子计算机，你也不能期待它会更快、更好地完成传统计算机所做的工作，例如，它不会是一台更好的文字处理器，但这台量子计算机能够更好地完成工作，而且运行速度会更快。从实用的角度看，将大量的资金和精力投入到建造一台量子计算机上，唯一的原因在于，量子计算机是否能够得到强有力的应用，同时会给我们带来实际效益，而这些却是传统计算机无法办到的。在近十年的时间内，量子计算机给我们提供了一个解决方案，但它需要寻找到需要它解决的问题。随后，1994 年，新泽西州贝尔实验室的彼得·肖尔（Peter Shor）想出了这样一个“杀手级”应用。

杀手级应用

首次看到“杀手级应用”这个词，大多数人都会觉得它看起来相当世俗，甚至有点乏味。但正是由于它乏味的特点，才使它变得如此重要。在政界、军事和商界，保密工作是至关重要的。有些密码是人与人之间传递机密情报的工具，保护这些密码不被第三方破译，是绝对必要和有价值的。反之，破解这些密码的意义更为重大，因此，人们在密码破译方面下了很大的功夫，虽然这些工作大多是默默无闻的。人们认为当今几乎无法破解的最好的密码，都是以一个难题为基础的，即如何找到任何一个大数的因子。

我们在学校都学过因式分解，但许多人都已经忘记了该如何做因数分解。它与**素数**的乘积有关。除去数字 1（因为 1 较特殊），素数是只能被其自身和 1 整除的数。所以 2 是第一个素数（而且是素数中唯一一个**偶数**，因为所有其他的偶数都可以被 2 整除），3 是第二个素数，5 是第三个素数，依此类推。如果我们将两个素数相乘，得数不会是一个素数，而这两个素数就是该得数的**因子**。例如，3×5 =15，3 和 5 是 15 的因子。一个数字可以有两个以上因子，但在这个例子中，我们没必要说得这么复杂。做乘法很容易，然而，要想找到一个数字的因子，唯一的方法是反复尝试和纠正错误——对于15这样的数字来说，这个方法真是太容易了，但如果是非常大的数字，那就难多了。你一定要记住以下要点：其中的一个因子必须小于这个数字的**平方根**。

密码学与因数分解密切相关，其主要原因就在于一个密码可以一个非常大的数字为基础，而这个大数是由两个大素数相乘得到的。这样的密码是迄今为止设计出来的最好的密码，而且已得到了广泛的应用。密码发送者用这个大数将加密信息打乱，而密码接收者会利用因子译出密码。[1]对于任何想要破译密码的人来说，想要发现这个大数是非常容易的，但要找到这个大数的因子，即使运用最好的传统计算机，也需要花费很长的时间。

多伊奇举了一个例子，说明计算机解决这样的问题是相当简单的，相反，如果一个人类的数学家想要单独解决这个问题是绝对不可能的。数字10 949 769 651 859只有两个因子，4 220 851和2 594 209。如果让你去找这两个因子的话，首先得用3除这个数字，然后用5除，用7除，用11除……直到得数等于2 594 209，你认为这需要花费多长时间？一台计算机不到1秒钟就能完成这项任务。但10 949 769 651 859只有14位，我们每给这个数字增加一位，该数字的平方根就会增大约3倍。这是因为加入一个数字大概相当于用10乘以这个数字，而10的平方根略大于3。因此，加入一位就要花费原来三倍的时间才能找到两个素数中较小的那个素数。如果我们使用1997年最好的计算机（多伊奇1997年举了这个例子），对一个25位的数字进行因数分解，我们得需要花费几个世纪的时间才能完成；随着计算机运行速度的提高，为了确保信息的安全性，你只能使用越来越大的数字。

---

〔1〕 此处把该过程描述得过于简单，如果你想了解密码学的详情，请参考乔治·约翰逊（George Johnson）的《时间捷径》（*A Shortcut Through Time*）。

但是，肖尔综合一系列观点，创造了已知的**肖尔算法**，该算法展示了量子计算机对大数的因式分解要比传统计算机因数分解（诸如10949769651859 这样的 14 位数字）容易得多。从本质上讲，量子计算机可以同时在一系列平行宇宙中进行每一种可能的除法运算，因此，量子计算机仅仅需要做一道除法题的时间，就能得出答案。因为干涉的存在，肖尔找到了一种方法，可以让答案出现在所有平行世界的所有电脑上。只有那些得到正确答案的计算才能在干涉过程中相加，而所有错误的答案会相互抵消。

从理论上讲，这种量子计算机还存在一个严重的问题，因为它很容易受到另一种干涉的影响，即外部世界的干涉，在此系统中，这些外部世界的干涉，其行为方式类似噪声。这就意味着，你不能再相信你得到的答案了。但此类问题并不重要！假设量子计算机对这种噪音非常敏感，它可能每运行 1000 次，才有一次能产生正确的答案。那又怎么样？每次运行只需要几分之一秒的时间。只要让量子计算机运行 1000 次，或更多次，并使用传统的计算机将得出的各种各样的“答案”相乘，就可以发现到底哪些答案才是我们所研究的大数的因子。举一个极端的例子，要想找到一个 1000 位数字的因子，传统计算机需要花费数千万亿年的时间——远远超过宇宙大爆炸距现在的时间。而使用一台采用了肖尔算法的量子计算机只需要约 20 分钟的时间。

多伊奇和他的同事很快就进一步修改完善了这些观点，而且人们还发现了其他算法，可以用这些算法解决量子计算机存在的具体问题。由于人们认识到即使量子计算机用途单一，也可以给我们带来实实在在的好处，自从 20 世纪末以来，人们争相建造一台可以利用这种方法进行因数分解的计算机——最初，这台量子计算机可能只能对小数进行因数分解，当然，最后它还是要对大数进行因数分解。

| 实用性 |

所有量子计算机都面临着一个最大的问题——应该如何获取信息?在量子层面上，计算机的运行可能极为令人满意，但为了弄清其内部到底是怎样运作的，我们要从外部去干涉它——或者说，我们必须让量子系统干涉外界环境。任何与外界的相互作用都会干扰量子过程。**量子干涉效应**在外部环境中的较大的粒子群间扩散开来，这种现象称为**消相干**。物理学家通常认为，外部干涉导致量子系统的消相干；但是，多伊奇指出，这种看待问题的方式是错误的，实际上，是量子过程对外界的影响造成了消相干，因为量子信息向外传播得越来越广泛，从而消失在一切其他事物所产生的噪音中。不管怎样，这两种方式都意味着在进行量子计算时，我们要认真避免量子系统受到外界的任何影响，然后用正确的方法读出计算结果。即使这样，计算机只能给你提供一次答案，因为读取信息本身就是对信息的破坏。与传统计算机不同，量子计算机不能在其记忆中存储答案，以供我们反复读取。

如果能够解决这些问题，利用单电子就可以使量子计算机运转，每个单电子都被关在一个原子笼子里，这些笼子的作用类似计算机的“开关”。用激光束的纯光脉冲刺激这个“**量子点**”，可以使它从一种量子态转换到另一种量子态——当然，还可以使这个“量子点”处于一种叠加态。在如此小的尺度上进行工作，会产生许多问题，这个姑且不谈。这种量子计算机很容易受到消相干的干扰，从而产生错误，因为每个量子位元将由一个单电子代表，而任何外界的影响都会使这个单电子发生错误。

解决这个问题的最好办法是将一个单电子位元的状态散布给几个（或许多）不同的开关，因此，即使一个产生了错误，我们还有其他几个呢。1998 年，由洛斯阿拉莫斯国家实验室的艾萨克·庄（Isaac Chuang）和美国麻省理工学院的尼尔·哥申菲尔德（Neil Gershenfeld）带领的研究小组，很早就采用这种方法取得了成功。他们找到了一种方法可以将一个单量子位元散布到某一液体溶液的每个分子的 3 种量子态中（技术上称之为**核自旋态**）。“计算机”使用一系列**无线电频率电磁脉冲**编程，可以用磁场对所产生的所有分子的平均状态进行监测（该平均状态代表该程序的输出），当然这也离不开核磁共振技术（即 NMR）的参与。在医药领域，核磁共振技术常用来“检查”人体内部器官，并被称为**磁共振成像**或 MRI，因为很多病人会谈“核”色变。

为了了解单电子点是否已被损坏，需要对其状态进行测量，而此过程却会破坏它所包含的信息。洛斯阿拉莫斯国家实验室 / 美国麻省理工学院联合小组的明智之处在于，他们使用 NMR 方法来比较分子的平均状态，从而在没有对它们进行实际测量的情况下，了解它们之间是否存在差异。如果在本不应该存在差异的地方出现了差异，这个联合小组就会知道发生了错误，并可以采取措施对错误加以纠正。

2001 年发生了量子计算史上具有里程碑意义的事件——这一事件足以匹敌航空领域中莱特兄弟的首次飞行。在 IBM 的阿尔马登研究中心，有个研究小组在一台量子计算机上使用肖尔算法真的分解出了 15 的因子。这台量子计算机的核心是一个包含五个氟原子和两个碳原子的分子，而且这些原子被赋予了 7 种核自旋——7 量子位元。该研究小组的实验对象并非只有一个分子——他们使用了一小滴液体，但这滴液体中却包含了 10^{18} 个这样的分子，通过核磁共振监测，所有分子的平均态可以有效地补偿消相干产生的任何错误。实际上，每个分子都是一台 7 量子位元计算机（相当于一台 128 位的传统的计算机），每台计算机都在计算同样的问题，并对比得出的答案以检查错误。

使用肖尔的技术，7 量子位元是分解 15 所要求的最小数值。最后，计算机正确地计算出15的两个因子为3和5。这证明量子计算是可以实现的，肖尔算法是正确的，而且人们很难再质疑多重宇宙的存在了。回顾一下莱特兄弟的成功给随后一个世纪的航空带来了什么，我们就能推测2100年时量子计算的可能面貌。

在这种液体电脑中，还可以使用其他分子。哥申菲尔德指出，咖啡因就是一种明智之选。如果仿照《银河系漫游指南》再写一本书的话，在这本书中很有可能会建造一台以一杯咖啡作为处理器的量子计算机。但至少目前为止，液体计算机技术的发展仍然受到严重制约。

令人遗憾的是，随着原子核数量的增加，用于监测分子的射频信号强度会迅速减弱，就目前的技术而言，使用这种技术建造的最大的量子计算机只会有10量子位元。然而现在，其他技术也在不断发展，其中有一项技术具有里程碑意义，即2005年制造的拥有8量子位元的第一台量子字节计算机。现在，也许有人在猜想莱特兄弟是不是可以设计出隐形轰炸机？量子计算的未来将如何发展？阅读本书时，请不要再做这样的猜想了，因为无论如何，本书都不会涉及这方面的内容。本书所关注的重点是量子计算机所做的计算到底是在哪里进行的。

这一切发生在何处？

只要量子计算机在运行，很多参与量子计算的人就根本不会关心到底这些计算是在哪里进行的。而想到这个问题的人大部分都曾涉足数学，在数学中，他们习惯了用假想的空间和虚构的结构来思考问题，因为这样做可以使某些计算变得更容易。遗憾的是，这样做还可能使他们对量子计算机内部的运作方式视而不见。

在现实世界中，三维空间中某一物体的位置可以用三个数字表示，这就是我所说的坐标，它就相当于该物体与某些选定的参考点之间的距离——通常是该物体分别到三个互成直角的坐标轴的距离，三维坐标与二维坐标类似。由于速度涉及方向，因此一个物体的速度也具有三维属性，而数学家们都乐于根据一个假想的“**速度空间**”进行思考，该空间中的一个点代表了速度在互成直角的三个方向上的**分速度**，它们共同代表了该物体的实际速度。其实你可以设想制作一个三维的速度空间模型来表示速度，这就类似于用一个三维的立体地球仪来表示地球地理。

但是，如果你是一位数学家，为什么至此就裹足不前了呢？为什么不想象一下是否能把这两组信息放到一个单一的六维空间中呢？在这个六维空间中，有一个点包含了有关某一单粒子的位置和速度的两种信息。即使数学家也会觉得互成直角的六个方向是很难想象出来的，而且也没有人能够建立一个六维模型来表示这个空间。但是，只就计算而言，其公式与毕达哥拉斯（Pythagoras）著名的直角三角形定理几乎完全一样，其中有几个额外的项就与几个额外的维度相对应（一项对应一个额外维度）。由于历史原因，这种想象出来的空间被称为“**相空间**”，但“相”这个术语在此处并不重要，它只不过是个名称而已。

数学家几乎可以无限拓展相空间这一概念。相空间有许多应用，但目前速度/位置这一应用就是一个很好的例子。要想描述一个单粒子的状态，就得需要一个六维的相空间，但是，如果有两个粒子在一个空盒中四处游荡，要想描述任一时刻盒子里的情况，就得需要一个12维的相空间。这种特殊类型的相空间所拥有的维数是盒子里面粒子数的6倍。随着时间的流逝，相空间中的这种系统会发生变化，而这种变化方式可以用统计技术来描述，这对于像**混沌理论**这样的理论来说，具有重要意义。[1]然而，这些与本书内容唯一相关的一点是，数学家已经习惯

---

〔1〕 见《深奥的简洁》（*Deep Simplicity*）。

于这样一种观点，即要应对想象中的相空间就得需要数量极多的（虚构的）维度。所以当有人告诉他们说，一台量子计算机能够分解一个250位的数字，这一过程是通过 10^{500} 种状态的叠加实现的，[1]他们的直接反应就是，利用他们思考相空间的方法来思考这一过程。

但是，相空间与量子计算有一个本质的区别。相空间可以表现处于一个盒子中，或其他物理系统内部的格格作响的粒子的行为，相空间对真实物理事物的这种体现是一种想象——此处，就是对装满了粒子的盒子的一种想象。但是，量子计算本身就是一种真实的物理事物，它不是数学家们想象出来的东西。在此情况下，这种计算需要10500台真正的计算机协同工作才能完成。这些计算机到底在哪里？多伊奇有力地阐明了这一点：

> 对于那些仍然执着于单一宇宙世界观的人，我可要下战书了：请解释一下肖尔算法是如何工作的……利用肖尔算法进行因数分解需要使用的计算资源是目前我们可以见到的计算资源的 10^{500} 倍或更多倍，当我们利用肖尔算法因数分解完一个数字时，到底这个数字的因数分解是在哪里进行的？在整个可见宇宙中只有约 10^{80} 个原子，与 10^{500} 相比，这是一个非常微不足道的数字。因此，如果可见宇宙就是物理现实的范围，物理现实甚至还远远不能囊括因数分解如此大的数字所需的资源。那么，这次因数分解是由谁完成的呢？这一计算又是怎么样、在哪里进行的呢？

你也可能会问，为什么我们能够进行计算？为什么 10^{500} 个其他宇宙中的居民会允许我们在他们的计算机上运行程序？他们又能从中得到什

〔1〕 这是多伊奇本人所举的例子；10^{500}，当然，是1后面有500个零。

么呢？

答案很简单，他们从中得到的东西和我们从中得到的东西是相同的。还记得那个图书馆的类比吗？图书馆中的书籍一开始都是完全相同的。同样，在因数分解程序刚开始时，参与这次计算的所有宇宙与我们的宇宙也是完全相同的。这些特定的其他宇宙的居民的所有的意图和目的就是我们的意图和目的，而他们运行程序的原因也与我们相同。在计算过程中，这些宇宙产生了差异——写在图书馆书籍中的故事都各不相同。但计算完毕后，这些宇宙又再次变得基本相同。

当然，还存在更多的宇宙，生活在这些宇宙中的人们尚未建成量子计算机，或者，在他们的计算机上，他们选择运行不同的程序。但那些宇宙与我们的宇宙截然不同，从量子意义上看，它们不会干涉我们的宇宙。只有那些与我们的宇宙非常相似，而且其居民也像我们一样试图解决相同的难题的宇宙，才会以恰到好处的方式干涉我们的宇宙，以解决那些难题。

量子计算的故事就写到这里吧。在我看来，可以进行量子计算这一事实足以证明多重宇宙的存在。然而，图书馆中书的类比又自然而然地引出了多重宇宙的另一面（它与“常识”背道而驰）——时间的本质。

多重宇宙的比喻

第一次听到平行宇宙的观点时，人们会认为平行宇宙是肩并肩平行排列在一起的，那些与我们的宇宙非常相似的宇宙离我们很近（在我们的“隔壁”），那些与我们的宇宙存在差异的宇宙，会随着你远离我们自己的**时间轴**的“移动”（无论此处的移动是什么意思），即在**时间中的“横向”移动**，而越来越不同，人们持有这种观点也是人之常情。许多科幻故事都是以这种观点为基础的，而且这种观点还出现在一些有关多重宇宙的阐释中，这些阐释已经深入人心。但是，如果我们认为多重宇宙就是这个样子的，那就太没有理据了。平行宇宙这个术语是不准确的，而且它还存在误导性，但遗憾的是，这个术语已经成为多重宇宙理论语言的一部分，我们最好还是把它看成一个比喻，就如同我们可能会说，两个从未谋面，但遵循相似的职业轨迹的人过着平行的生活一样。下面的比喻比这个比喻还要好，像数学家想象出来的相空间中的所有方向一样，所有不同的宇宙彼此间都是成直角的。这仍然不是对多重宇宙的准确描述，但至少它有个优点，即可以描述完全超出我们常识的事物，使我们领会到多重宇宙实际上与我们直接经历过的事物截然不同，多重宇宙不是一排几乎完全相同的排屋，不是一系列舒适的“相邻世界”。

让我们再回忆一下那个多重宇宙图书馆吧。一个有条理的图书馆管理员可能确实会把所有书籍整理得井井有条，所以，在书架上，那些故事几乎完全相同的书会彼此相邻，而如果你查看远处书架上的书，你走得越远，书中故事的差异就会越大。但是，根本没必要这样整理书籍。这些书可以用任意顺序排列，或简单地堆成一堆放在地板上，我们仍然可以把这些书籍比作多重宇宙。即使把书的顺序打乱了，仍然会发生这样的事情，即所有的书籍刚开始时是完全相同的，随着你阅读的深入，这些书中的故事会产生差异；而在大约 10^{500} 本书中，故事在某一点上是完全相同的，随后，对于这个 250 位数的分解会有大约 10^{500} 种解释，继而，这一计算的结果会被记录下来，而故事会再一次变得完全相同。至关重要的是你必须以正确的顺序阅读每本书的每一页，而不是以特定的顺序阅读所有这些书籍。

以正确的顺序阅读每一页书是很容易的，因为书页上都有页码。即使装订破损，有几页变得松散了，你也可以很快把它们复原。事实上，如果这些书页根本没有装订在一起，而是堆放在地板上，你仍然能以正确的顺序阅读这些书页。如果多重宇宙图书馆中的所有书籍，实际上，都是由堆成一堆堆的散页组成的，每一页上都标有两个数字，一个数字标明它属于哪本书，另一个数字标明它在那本书中的位置，其间你可以随意打乱整堆书页的顺序，最终你仍然可以阅读这些故事。并且，这些故事就像真的一样。更妙的是，假设每一页都有一个引言段用以介绍这个故事的概要，该概要将会包含有关前几页内容的相当准确的信息，还会包括更靠前的书页中有关故事细节的较为模糊的信息。你可以从这堆书页中随意拿起任何一页，看看它属于哪一“历史”阶段，随后找到当时的故事梗概，还能够详细地了解在那一刻故事中到底发生了什么。

如果每本书的每一页都与时间中的一个时刻相对应，那就非常像我们自己的宇宙中的日常经验了。我们拥有过去的记录，其中既包括物理记录，还包括我们的记忆，对于那些刚刚发生的过去，这些记录告诉了我们细枝末节，但对于离我们非常遥远的过去，它们则很少给我们提供细节，而且，我们对于现在所发生的一切有着明确而详细的“见解”。我们对时间的印象是时间的流逝“像一条不断流淌的小溪”；但是，我们所能意识到的一切是此时此刻所发生的事情和我们对于过去的记忆——我们对于过去的概括。这真的如我们读一本扣人心弦的故事书相差无几吗？在读那些扣人心弦的书时，我们会与书中的人物感同身受。我相信，这意味着图书馆地板上那些编了号的乱蓬蓬纸堆的形象不只是一个单纯的比喻，它能帮我们真正洞悉多重宇宙的本质。

我承认提出这种观点并非靠我一人之力。1966 年，我读了弗雷德·霍伊尔（Fred Hoyle）的科幻小说《十月一日为时已晚》（*October the First is Too Late*），首次接触到这种观点。书中，霍伊尔笔下的人物遇到时间乱流，在地球上的不同地点可以同时体验不同的时间。正如故事中的一位科学家所解释的那样，“夏威夷的时间是 1966 年 8 月中旬，英国是 1966 年 9 月 19 日，我猜想，美洲大陆是 1750 年之前的某个时间，法国是 1917 年 9 月末”。霍伊尔在书中给读者加注说，虽然这是一个虚构的故事，但“对于探讨时间的意义和意识的意义来说，是相当严肃的”；我在就读于剑桥的理论天文学研究所时，有幸能够得知他确有此意，因为霍伊尔当时就担任这个研究所的主任，我曾向他请教过这本书的内容。那么，在这本书中，他对于时间的本质持有何种观点呢？

这一切发生在何时？

霍伊尔小说中的科学家，以霍伊尔的口吻，介绍了霍伊尔的观点（我确信霍伊尔是一位研究现实本质的物理学家）。这位科学家首先用相对论的时空观点来描述世界。“如果你思考一下地球绕太阳的运动，”他说，“它是一个四维时空中的螺旋。在该螺旋上挑选出一个特定的点，并且指定这个特定的点就是现在，也是绝对没有问题的。”这就是人们通常所说的**现实的“块宇宙”模型**，即认为时间中的所有时刻都存在于时空中，就像空间中的所有位置都存在于时空中一样——无论是 1452 年，还是 3173 年，都像今天一样是真实存在的，虽然我们没有经历过这些年代。同样，虽然你居住在伦敦，但是纽约和孟买就像伦敦一样是真实存在的。实际上，在所有关于相对论的解释中，块宇宙是唯一一种有意义的解释，虽然很多相对论者宁愿忽视这一事实。

随后，霍伊尔用一摞**鸽子洞**来打比方——这些鸽子洞类似信件分拣机械化前邮局分拣室中使用的小盒子。这些无限阵列的小盒子都用编号排序。在每个鸽子洞中都会有信息，这些信息或许是印在纸片上，或许是存储在计算机中，用以描述序列中其他鸽子洞中的物品。有关鸽子洞中物品的信息的序列号越小，其信息就会越准确，但有关鸽子洞的物品信息的序列号越大，其信息就越含糊不清，有时还会彼此矛盾：

> 我们把你碰巧正在观察的那个特定的鸽子洞称为现在。把那些你发现了大量正确信息的早期的鸽子洞称为过去。而把那些没有太多正确信息的后来出现的鸽子洞称为未来……现实世界与鸽子洞非常相似。在现实世界中，我们谈论的不是鸽子洞，而是状态。

霍伊尔用“状态”这个词介绍了量子理论的观点，但他在谈论这种观点时非常谨慎，以免他的读者感到惊恐。他只是告诉读者可以划分出大量的状态，而选择其中任何一种状态都会构成现在。随后，他假设一束光可以在一摞鸽子洞上方随机舞动，首先照亮了一个鸽子洞，然后以任意顺序又照亮了另一个鸽子洞。如果这束光可以“打开”意识，那么该意识总是会意识到过去和未来，就像我们也可以意识到过去和未来一样，此外，它还能体会到时间的稳定流动。

现在想象一下，两套独立的鸽子洞，以这种方式用相同的光照亮每套鸽子洞，不仅仅是在每一套鸽子洞的内部随意切换灯的开关，而且还要在两套鸽子洞之间进行开关。为了达到讲述这个故事的目的，霍伊尔提出，每套鸽子洞都对应着一种不同的人类意识：“一套鸽子洞是你所称的你，而另一套鸽子洞是我所称的我。”但在本书中，在我所描述的世界观的背景下，一套鸽子洞将对应一个宇宙，而另一套鸽子洞则对应另一个宇宙。多重宇宙中会存在无限摞的鸽子洞，但我们不必担心舞动的光点会把任何东西打开。每个量子态都刚好是打开的，已经完成了对过去的较为准确的回忆和对未来的模糊的推断。

霍伊尔著作的核心思想是，所有不同的时间都是同样真实的量子态。虽然霍伊尔从未在他的科学著作中详述这种观点，但是，其他的科学家，特别是戴维·多伊奇（David Deutsch）和另一位牛津大学的物理学家朱利安·巴伯（Julian Barbour），对这种观点进行了详尽的描述。正是多伊奇用令人难忘的语句简洁地总结了这种观点，“其他时间只不过是其他宇宙的特殊情况”，但是，也许他并非真的有必要提及“特殊”这个限制条件。

要想真正理解这种观点的现代含义，最好的方法就是像霍伊尔那样，从研究“块宇宙”模型开始。之所以称之为“块宇宙”，是因为人们把宇宙看成是位于一个四维的“块”中，这个四维块类似一大块蛋糕。在时空中，万物皆不动，而我们眼中的时刻是块中的薄片。如果沿块的一侧延伸的一个方向代表时间这个维度，那么，与时间轴呈直角的薄片就代表在我们眼中呈静止状态的观察者的角度。我们认为正在移动的观察者所看到的事物有所不同，是因为他们的时刻与以不同角度切分时空的薄片相对应，而确切的角度取决于他们的速度。所有这一切都与爱因斯坦方程所描述的情况相符，爱因斯坦方程描述了运动如何影响观察者对宇宙的看法，如：运动中的时钟会变慢，运动物体的长度会在运动方向上变短，它的一个重要前提是先有因，后有果，原因总是先于它所造成的结果——例如，一个观察者不可能在某人打开开关把灯点亮之前，就看到房间的灯开着。同样，我们也不能以这种方式切分时空。

从块宇宙最简单的形式看，块宇宙模型似乎排除了自由意志，因为未来像过去一样已经固定了——但是，正如我们将要看到的那样，量子物理学改变了这一切。暂且将这一点搁置一边，与霍伊尔的鸽子洞比喻类似，时空中的每个薄片都蕴含着过去的历史，多伊奇指出，如果时空被切分成非常薄的薄片，像洗牌一样把这些薄片的顺序打乱，然后把这些薄片再重新黏合在一起，此时所有时刻的顺序都已经混乱，但是，居住在这一时空的居民却无法意识到这些变化。这像极了宇宙图书馆中打乱了顺序的书页，无论你在阅读或体验哪页书或薄片，你知道它们都是过去的书页或薄片，但你却不知道未来的书页或薄片。多伊奇称这些时空中的薄片为快照，他说：

> 按照物理定律，任何一张快照不仅决定着所有其他快照的样子及其顺序，而且还决定了它自己在这一顺序中的位置。换句话说，每张快照的物理内容中都已经编入一个“时间戳”。

巴伯对这本快照集的描述有别于霍伊尔——根本没必要把这些快照黏合在一起以形成时空块，可以简单地把它们堆成他所谓的“一堆”，即一个混乱的时刻集合。[1]

现在，我们要把多重宇宙的概念考虑进去。如果多重宇宙只是一个时空块的集合，我们可以想象它们或是并排堆在一起，或是一个摞在另一个上面，堆在一起——这是有关平行宇宙的旧观点。但是，如果每个宇宙仅仅是一个杂乱地堆在一起的时刻堆，那么，多重宇宙也是一个杂乱地堆在一起的时刻堆，而且是一个更大的时刻堆。打乱所有可能的宇宙中所有可能的状态，然后将它们堆放在一起，就可以形成多重宇宙。从外部（并不是说多重宇宙有外部！）无法知道任一特定的快照对应哪一个宇宙，同样，也无法知道任一特定的快照对应哪一个时刻。这就是为什么多伊奇认为，其他的时间只不过是其他宇宙中的特殊情况（而我认为，其他的时间甚至根本没有特殊性）。所有可能的量子态都存在，与之对应的是，所有可能的宇宙中存在着所有可能的时刻。

这样的量子图像把自由意志还给了我们。如果在一个冻结的时空块中只有一个宇宙，我们就没有自由意志。但是，如果所有可能的未

---

〔1〕 李·施莫林（Lee Smolin）曾在他的著作《宇宙中的生命》（*The Life of the Cosmos*）中用最简洁的方式描述了巴伯有关这一主题的不同看法。

来都存在的话，那么我们就真的能够选择未来。任何事情都有可能发生，但是我们将要经历哪种未来却取决于我们自己所做的决定。我在写作《寻找薛定谔的猫》的过程中，曾用约翰·列侬（John Lennon）的话总结了量子物理学的本质："没有什么是真实的。"25年来，我获取了更多的知识，现在我想改变我的说法，我支持多伊奇和巴伯的观点，即一切事物都是真实的。但是，如果其他时间和其他地点一样都是真实的，而且我们可以前往其他地点去旅行，那么，我们有没有可能前往其他时间去旅行呢？

时间流逝

到目前为止，我们已知的对空间和时间的最好的描述当属广义相对论。它已经通过了人们所能想到的每一种测试，并精确地描述了可观察到的扭曲时空的行为，其条件范围最大涉及两颗中子恒星随着引力辐射而失去能量，互相绕轨道螺旋运行，最小涉及绕地球旋转的飞船上的一个失重的、正在旋转的、几乎检测不到晃动的陀螺仪。广义相对论最显著的特点是，它考虑到了时间旅行的可能性。就我们现在对时间的理解而言，旅行者有可能在时空中沿着一条路径旅行，最后又回到他出发的地点或时间点。这意味着他在部分路途中可以回到过去。[1]

当然，要建造一部能够运载我们进行这种旅行的机器将是极为困难的，而建造这部机器所需要的技术也是我们现在望尘莫及的。但关键在于，我们很有可能建成这样的机器。有关这一点的细节我已经在本书的

〔1〕 广义相对论还告诉我们，通过时光旅行回到时间机器还没有发明出来之前的时刻是不可能的，这也许可以解释为什么今天地球上还没有出现来自未来的旅行者。

其他章节探讨过了；[1] 在这里，我想关注的是如果一种特定的、被称为**虫洞**的时间机器真的可能存在的话，它会为我们理解多重宇宙带来怎样的启迪。这将不可避免地涉及使用日常语言，该语言与我们人类对时间流逝的感知相对应，这种时间流逝是从过去到未来的时间流逝。但我所描述的穿越时空的路径，其实应该是这个样子的——这些路径连接着多重宇宙中不同的量子态，我所说的穿越时空的路径并不是沿着这些路径所进行的实际旅程。

双孔实验概括了量子物理学奥秘的核心。该实验的时间旅行版也涉及两个洞，但它们是一个虫洞的两端，虫洞是一个穿越空间和时间的隧道。根据已知的物理定律，那种技术上先进到足以控制黑洞的文明可以建成这种通道，即隧道的两个“口”在空间中的位置是彼此并排相邻的，但是，其中一个口的时间相对于另一个口的时间是过去。另外，这些虫洞还有可能是在宇宙中天然形成的，仍有待我们去发现；遗憾的是，找到一个天然虫洞所需要的航天技术与制造一个虫洞所需要的技术几乎相当。但是，如果你拥有这样一个虫洞——无论是天然的还是人工的——你就有可能以某种方式将一个实验对象发送到虫洞的一个口中，但这个实验对象从虫洞的另一个口中出来的时间却早于它被放入第一个口的时间。

由于这只是一种假想的实验，我们可以想象这种结构的作用范围很小，其内部的虫洞刚够发送一个滚球轴承，以便我们在实验室或类似的地方进行研究，看看它可以给我们带来什么启示。这个简单的例子足以凸显出时间旅行所面临的哲学问题——所谓悖论的可能性。如果从虫洞的过去的口出来的滚球轴承与还没有放入虫洞现在的口中的滚球轴承发

---

〔1〕《初学者的时间旅行》（*Time Travel for Beginners*），约翰·格里宾（John Gribbin）和玛丽·格里宾（Mary Gribbin），霍德出版社，2008。

生自我碰撞，使其发生了偏转，并没有进入虫洞现在的口中，那么接下来会发生什么事情？它就不能及时从虫洞过去的口中出现，使它自己发生偏转，所以它一定是已经进入到虫洞现在的口中了，如果它进入到现在的口中了，它就一定已经发生了偏转……但还可能会有别的轨迹，从过去的口中出来的滚球轴承与还没有进入现在的口的滚球轴承发生了碰撞，正好把它撞到未来的口中，并形成了一个自洽的环。相互作用后，从过去的口中出来的滚球，就这样遵循着标准的物理定律，继续走下去。研究人员，如美国的基普·索恩（Kip Thorne）和俄罗斯的伊戈尔·诺维科夫（Igor Novikov），已经用数学方法证明，对于每一种这样的自相矛盾的可能性，始终存在无限数量的自洽的“解”。

从量子物理的多世界诠释的角度出发，他们接着解释，如果一个真正的球遇到一个如此设置的真正的虫洞，我们将会看到什么。从远处看，很难清楚地了解这个球穿越虫洞时的路径。你只能看到这个球接近了虫洞的两个口，以某种方式与这两个口发生了互动，然后就远离了这两个口附近的区域。而这正与一个光子或一个电子通过双缝实验时的行为方式相同。这个光子或电子靠近了这两个孔，与这两个孔发生了互动，然后出现在另一边。在类似的情形下，一个球到底发生了什么？索恩和他的同事们发现，唯一可行的解释是，所有可能的路径互相干涉从而产生了一个看起来单一的最终状态。诺维科夫和他的同事证明，只有这些方程的自洽的解，才符合量子物理学定律。干涉抵消了自相矛盾的路径。用多伊奇的话说，在时间旅行的互动发生之前，所有的宇宙都是相同的，其后在不同的宇宙中所讲述的故事彼此间产生了差异，但在互动的另一边，故事又再次变得相同，而且一直在讲述一个自洽的故事。也许在时间实验的另一边，宇宙并非都是相同的；也许在多重宇宙中确实标记着一个地方，从这个地方开始这些历史变得不尽相同，但所讲的那些故事仍然必须是自洽的。

多世界诠释还解释了，当我们把时间旅行的视角从滚珠轴承尺度放大到人类的尺度时，我们怎样才能避免悖论。从很多科幻小说中，我们熟悉了所谓的悖论。假设我建造出一部时间机器，回到了过去，而且我成功地阻止了我父母的相遇。在这种情况下，我永远也不会出生，但是，我这个人已经生活在这个世界上了，所以，我的父母肯定是在一起了，等等。咱们姑且不谈这样一个事实，即一部时间机器不能回到它建成之前的时间（或许我发现了一部数千年前外星人留在地球上的时间机器），在多重宇宙中，想要解开这个谜团是相当容易的。我确实回到了过去，并且确实阻止了我父母的相遇——但这发生在另外一个宇宙中。在我所生活的世界中，我父母的确相遇并生下了我。科幻作家有时会利用这种观点把宇宙的大体形象看成一棵多枝的树，他们提出，从某种程度上说，通过时间旅行回到过去就是“滑下树干”，由于时间旅行者的出现而对过去所造成的任何改变，都会致使树的主干上长出一根“新的”历史的分支。但正如我所强调的那样，这棵大树根本就没有主干，也就没有“新的”分支，只存在不同的宇宙，而且这些宇宙的历史也是截然不同的。

假设我回到了1066年，秘密参与了黑斯廷斯战役（the Battle of Hastings），我支持盎格鲁－撒克逊一方，目的是为了保证诺曼人会战败。这并不会创造一段新的历史，即英国仍然是英国人的英国这样的新历史。这段历史已经存在，因为世界上一定存在许多宇宙，在这些宇宙中诺曼底的威廉（William of Normandy）在黑斯廷斯战役中战败了。事实上，威廉战败的概率是极大的，这很容易让人联想到，在我们的宇宙中，他肯定得到了一位友好的时间旅行者的帮助。如果在这场战争发生之前，真的建成了一部时间机器或一个虫洞（只有这样才能使这次特殊的旅程成为可能），那么，确实会存在另一个版本的历史，在这个版本的历史中，有一个时间旅行者（但这个人可能不是我）生活在与我们的宇宙非常相似的宇宙中，他确实通过时间旅行“回到了”多重宇宙的一个量子态中，该量子态与盎格鲁－撒克逊人获胜的那种历史相对应。另一方面，如果今天有一位来自未来的时间旅行者正在拜访我们，这位时间旅行者可能不是来自我们的未来，虽然他或她（或它）可能来自一个与我们的宇宙拥有非常相似的未来的宇宙。这位时间旅行者能及时警告我们即将发生的灾难，使我们能够改变它，虽然在这位时间旅行者自己的“家”所在的宇宙中，灾难已经发生了。[1]但一切都没有为之改变；多重宇宙的景观仍然存在，在多重宇宙中不同的路径连接着不同的状态。多伊奇再次简洁地对此做了总结：

> 回到过去的时间旅行，必然是嵌入到若干相互作用和相互关联的宇宙中的一个过程。在此过程中，每当旅行者进行时间旅行时，他一般将从一个宇宙旅行到另一个宇宙。

更广阔的天地

然而，从某种意义上看，即使是多伊奇的视野也过于有限。从他对多重宇宙的观点来看，他认为在任何一个宇宙中，各种“巧合”的数值（我们曾在第二章中探讨过这些巧合）都与我们自己的宇宙中的值相同。在探讨诸如量子计算机和时间旅行这样的观点时，这种观点是非常合理的。要想实现量子计算和时间旅行，就得需要干涉，而这种干涉只能在彼此十分相似的宇宙的复制品之间才会起作用，这种相似肯定会包括拥

〔1〕有关这一主题的不同见解是非常有趣的，参见格雷戈里·本福德（Gregory Benford）的《时景》（*Timescape*）〔西蒙和舒斯特（Simon & Schuster），1980年〕。

有相同的数值，如碳原子核的能级值或引力的强度。但是，从更广阔的视野看——从某种意义上说，让我们对整个多重宇宙看得更远一点，虽然前文中图书馆的比喻已经非常清楚地表明，只要一谈到量子物理学，这种更广阔的视角就不再是一种准确看待事物的方式了——我们可以想象出拥有不同的物理常数值的无限多种类的宇宙。在这个无限的多重宇宙的每个子集（每一个子集的宇宙的常数都是相同的）中，多伊奇、巴伯等所描述的整个场景非常好地描述了现实。而每个子集自身也可以是无限的，因为无限的确是非常庞大的。

这就会引出一个显而易见的问题。如果我们把自己限制在一个无限的宇宙子集中，在这个子集中，有一个宇宙与我们自己的宇宙非常相似，它诞生于大约140亿年前发生的一次大爆炸，那么，我们在第二章中探讨的数字又是怎样与我们自己宇宙中的数字产生差异的呢？鉴于目前还没有人能确切指出是什么在我们的宇宙中“设置”了那些数字，我在此处可以提供几种可能的解释。这些解释中的任何一种解释都有可能是正确的——考虑到多重宇宙的本质，或者有可能它们都是正确的，也有可能它们都是错误的，但它们是目前对宇宙巧合所做的最好的解释。因此，非常值得一读。我将从最简单、最古老但也许也是最不令人满意的可能性谈起——再看无限性。

chapter

4

在所有方向上的无限

时间之箭 / 宇宙的热死亡 / 每个可能的意外 / 时间和距离 / 时间和热力学 / 宇宙之箭和引力下降 / 反弹？ / 回到未来

宇宙是无限的，这种观点可以追溯到四百多年前。正如前文所言，第一个在科学出版物上提出这种观点的人是托马斯·迪格斯（Thomas Digges）。莱昂纳德（Leonard）是迪格斯的父亲，早在16世纪50年代，莱昂纳德就发明了经纬仪，并把经纬仪用于勘测和望远，当时他就从事这两份工作；他的这项发明很长时间以来都秘而不宣，因为无论在民用领域，还是在军事测绘领域，这项发明都有很高的应用价值。莱昂纳德于1559年去世，在世时他曾出版过一本书。跟随着父亲的科学脚步，托马斯·迪格斯于1576年对这本书进行了修改和扩充，迪格斯有关宇宙是无限的观点就出现在这个新版本的附录中。迪格斯断言，宇宙在空间上是无限的。用他自己的话说，“恒星天球在高度上无限扩展地固定在太阳周围”。

虽然这种观点当时未被采纳，但它标志着当时人们对宇宙的看法与古人对宇宙的看法相比，已经产生了深刻的变化。例如，希腊哲学家们难以接受空间无限大的观点，其原因是可以理解的。无限不光是一个非常大的数字，大到比你能想到的最大数字还要大一点，其实，它还具有别的意义。要体会无限的奇特之处，最简单的方法就是，首先要考虑所有的整数——1、2、3、4、5，依此类推。它们构成了一个数学集合，这个集合可以永远继续下去，所以它是一个无限集合。无论你想到什么数字，你总是可以通过往这个数字上加1的方法得到一个更大的数字。现在想想所有的偶数集合——2、4、6、8 等等。乍一看，似乎这个集合小于第一个集合，因为你已经去除了所有的奇数。这一集合真的只包含了第一个集合中一半的数字吗？当你把第一个集合中的数字乘以 2 时，就可以得到第二个集合中相应的数字。因此第一个集合中的每一个数字都可以与第二个集合中的数字结成对。1 对 2，2 对 4，3 对 6 等等。在这种情况下，这两个集合的大小看起来好像是相同的，因为一个集合中的每一个数字都对应着另一个集合中的一个数字。你拥有两个无限大的集合，一个包含另一个，但两个的大小是相同的！

从空间上看，在一个无限的宇宙中，不仅一切皆有可能发生，而且它还可以容纳无限数量的无限的宇宙，在其中任何一个宇宙中，任何可能的事情都可以发生无限次。难怪古人面对这样的观点时退缩了，他们更愿意想象宇宙是有限的，它被限制在一个天球中。例如，亚里士多德（Aristotle）乐于从数学的角度考虑无限，但他在《物理学》（*Physics*）中坚定地说："现实中，不会真的有无限。"另一方面，像亚里士多德这样的哲学家并不乐于接受宇宙可能有一个开端这样的观点，因为这将意味着时间有开始，或许就会有结束。因此，他们愿意接受的观点是，宇宙在时间上会无限地持续下去。这种观点几乎与有可见宇宙标准的现代宇宙观截然相反。当今的宇宙学家非常乐于思考这样的观点，即在太空中宇宙是无限的，但他们的标准模型始于 137 亿年前的一个特定的时刻，就是大爆炸发生的那一刻。然而，如果我们的宇宙仅仅是多重宇宙的一个组成部分，那么多重宇宙本身可能在所有方向上（在时间以及空间上）都是无限的。

1930 年，天文学家詹姆士·金斯（James Jeans）出版了《神秘的宇宙》（*The Mysterious Universe*）一书，他在书中写道："如果宇宙能够持续足够长的时间，在这么长的时间内，任何可能的意外都有可能发生。"这句话在一定程度上描述了一个显而易见的事实，如果我们稍微思考一下我们对于时间的理解，稍微思考一下我们所感知到的时间的流逝，思考一下时间的流逝是如何与我们周围所看到的不断膨胀的宇宙的有序性联系在一起的，我们就会发现，这句话有着牢固的科学基础。

时间之箭

在我们的日常体验中，顺序和时间的关系是非常清楚的。举一个典型的例子，让一块冰块在一杯水中融化。冰融化之前，玻璃杯中的物质处于一种有序的状态，杯中的冰和液态水是截然不同的。无论是用语言，还是用数学公式，如果你想要描述这种状态，就得需要一定数量的信息。冰融化后，有序性减少了——这意味着信息减少了，而且复杂性也降低了。你所拥有的是一种简单的液体。要想描述这种液体需要的语言更少，方程也更简单。此时，你不用再描述“一杯加了冰的水”了，取而代之的是，你需要描述“一杯水”。

从这种意义上说，我们所说的“顺序”的意义与更精确的科学概念**熵**有关，与降序相对应的是**熵增加**。如果任由杯中的冰和水自己变化，不受外界的影响，杯中诸如冰块这样的东西总是会变化的，也就是说熵会增加，而复杂性会降低。然而，“任由杯中的冰和水自己变化”这个前提是至关重要的，因为这种规则仅仅适用于所谓的封闭系统（closed system）。地球上生命的复杂性就是一个显而易见的例子，它可以说明在一个系统中，随着时间的流逝，熵会下降，但是，这种关系能够成立，只是因为地球上的生命以外界的能量供应（来自太阳的能量）为生。其实，在过去的几十亿年间，整个太阳系的熵在增加，而地球上生命的复杂性也是在这段时间内演化而成的。

我们探讨时间，原因在于我们都清楚地意识到时间好像是流动的。

开始时你拥有一杯含有冰块的水，到了最后你的杯中只剩下了水。你永远也不会看到一杯水中的部分水分子单靠自己的力量就能自然而然地形成一块冰。还有另一种方法可以表示熵增加定律〔它被称为热力学第二定律（the second law of thermodynamics）〕，即热量总是从较热的物体流向较凉的物体，方向绝不会反过来。我们所说的过去和未来之间有一个明显的区别。但要记住，虽然我们能够感知到时间流，但那并不一定意味着时间流的确存在。毫无疑问，有一支时间之箭[1]，它的指向是从低熵状态指向高熵状态；但这并不意味着真的存在一支时间之箭正朝着熵增加的方向运动。这就与磁罗盘针上的箭头和从弓发射出的箭头之间的差异类似，磁罗盘针上的箭头尽职尽责地指向北方，但却静止地停留在同一个地方；而从弓发射出来的箭头，会朝北方或其他方向驶去。此处所探讨的熵的观点，作为时间之箭的指示物，与第三章中描述的有关时间本质的观点并不矛盾。

在多重宇宙中，至少在我们的宇宙中，我们还有另一支时间之箭，它是我们的宇宙自己为我们提供的。过去的方向指向宇宙大爆炸，而未来的方向指向我们看到的正在变大的宇宙。为什么我们在自己的宇宙中感知到的是时间的热力学之箭？过去和未来的指向对于我们了解这个问题的原因极为重要；但在无限的多重宇宙中可能存在很多与我们的宇宙类似的宇宙，这种简单的热力学可能与这些宇宙的存在有关。这是因为支配类似原子和分子这样的物质的行为方式的简单定律，与热力学第二定律存在一种明显的矛盾——在天文学家发现宇宙正在膨胀之前，该难题比现在还令人费解。该难题就是，在原子、分子和亚原子粒子层面，时间之箭并不存在。

---

〔1〕 1928年，物理学家亚瑟·爱丁顿（Arthur Eddington）在他的著作《物理世界的本质》（*The Nature of the Physical World*）中，使用了这种表述。

要想弄清楚这一点，通常的方法是想象空气分子不断在一个房间或一个密闭的盒子里弹跳。简化一下，我们可以想象一个装有惰性气体氖原子的盒子。如果排除原子间可能出现的化学作用这种复杂情况，这样做不会发生其他的化学反应。这些原子在盒子内部四处弹跳，它们之间相互碰撞，与盒子内壁碰撞并弹回来，其行为方式几乎完全等同于坚硬的小球——弹子球在容器内部的弹跳方式。真实的弹子球会在桌子上运动，因此会有摩擦。与弹子球的这种行为方式不同，原子的碰撞不涉及摩擦，而且只要盒子内部温度和压力保持一致，就无法通过监测碰撞来确定时间之箭。两个原子同时运动，互相碰撞并弹回来，与这一碰撞相关的一切都遵循所有的物理定律；此时，如果你让时间倒流，并观看这一碰撞的反向过程，所有的一切将仍然遵循物理定律。而且，与一块冰在一杯水中溶化的情形不同，如果你为盒子中气体的状态拍摄了一系列快照，并把这些照片的顺序打乱，你根本就无法弄清这些照片的顺序。从盒子中气体原子的行为方式看，根本无法找到时间之箭的蛛丝马迹。

为了看到时间之箭，我们必须把这个系统的状态设置为处于不均衡的状态，这就相当于往一杯水中加一块冰块，然后观察它是如何回到稳定状态的。

假设我们有一个盒子，这个盒子被推拉隔板一分为二。在隔板的一边，半个盒子含有氖气；在隔板的另一边，另一半盒子中的气体已被抽出，盒子中空无一物。如果把隔板从盒子中抽出来，我们都知道会发生什么事——气体会扩散开来，填满整个盒子。现在，如果我们反向思考同样的事情，似乎就太愚蠢了：在一个充满了气体的盒子内部，突然之间所有的原子都移动到盒子的一端，却在另一端形成一种真空状态，在现实生活中，我们从未看到过这样的情景。我们似乎已经发现，即使在原子和分子层面，时间之箭也在起作用。但事情并非如此简单。即使当气体扩散开来填满整个盒子时，原子间的每次碰撞都遵循可逆的物理定律，而如果我们能够观察到碰撞发生的反向过程，每次碰撞看起来都会是非常自然的。从两个原子之间发生简单地互相碰撞，到由大量原子构成的气体扩散到整个盒子这一过程来看，到底时间之箭是在哪个环节出现的呢？

答案很简单，时间之箭并没有出现。的确，没有一个物理定律告诉我们，盒子中所有的气体不能正好移动到盒子的一半，而在另一半形成一种真空状态，随后位于盒子一端的气体会再次扩散开来充满整个盒子；只不过这种事情极不可能发生。一盒气体中含有非常多的原子，而这些原子中的任何一个原子都可以在任一时刻位于盒子中的任何地点，因此，平均而言，盒子中的原子将近乎均匀地分布在盒子中。用更专业的术语来讲，虽然任何一个特定的原子都有可能位于盒子的任何地点，但是大多数原子的分布状态与原子的平均分布状态相对应。只有非常少的原子的分布状态与所有原子同时位于盒子一端的状态相对应，因此，我们几乎不可能看到这种状态。但是，1890 年，法国物理学家亨利·庞加莱（Henri Poincaré）证明，如果一种“理想”气体被困在一个盒子里，并且该盒子里所有的碰撞都不会产生能量损耗，那么，这种气体最终一定会经历每一种可能的符合能量守恒定律的状态。在盒子内部，原子的每一种分布方式一定会在某一时刻出现，而如果我们等待足够长的时间，我们就会看到所有的原子都移动到了盒子的一端。换句话说，原子最终一定会返回到它们的出发点，初始状态会重演——只要我们等待足够长的时间。

可是，我们遇到一个难题。从统计学角度讲，原子回到它们的初始态所需要的时间被认为是**庞加莱循环时间**（或**庞加莱始态复现时间**），它取决于其中原子的数量。粗略地讲，庞加莱循环时间是 10^N 秒，其中 N 是所涉及的原子数目。对于一个只包含 10 个原子的盒子来说，庞

加莱循环时间是 10^{10} 秒，或者说是 300 多年的时间。实际上一小盒气体可能包含 10^{23} 个原子，因此，始态复现时间为 10 的 10^{23} 次方秒。但是，宇宙的年龄（从宇宙大爆炸开始算起）大约只有 10^{17} 秒。17 和 10^{23}（1 后面有 23 个零）之间的差异，使我们明白，从统计学角度上说，要想用从宇宙诞生至今的时间，看到气体向盒子的一端移动是（不）可能的。这种极微小的概率，连同一个相对较小的庞加莱循环时间，为以下难题提供了一个标准答案。这个难题就是，一个在小尺度上无时间的世界怎样才能在大尺度上拥有一支明显的时间之箭呢？答案就是，那支时间之箭仅仅是一个统计上的错觉。如果你能够花足够长的时间来观察一杯水——这个时间长到是宇宙年龄的很多很多倍——最终你确实会看到大量的水逐渐变暖，并在水中间形成一块冰块。[1]

在对于我们所感知到的时间之箭的解释中，这种解释是很有说服力的，前提是宇宙的年龄确实是有限的，比一个典型的庞加莱循环时间小得多。但是，如果多重宇宙的年龄是无限的，这种解释就不太有说服力了。19 世纪 90 年代中期，奥地利物理学家路德维希·玻尔兹曼（Ludwig Boltzmann）指出了庞加莱论点的致命缺陷，但他并未使用多重宇宙这个术语。他提出，从本质上讲，我们的可见宇宙是一个短暂的低熵的泡泡，这个泡泡碰巧出现在了一个无限的、永恒的、无时间的高熵的世界中——与这种宇宙状态相对应的状态是，盒子中的所有气体朝盒子的一端移动。如果真是这样的话，我们的宇宙确实正是金斯（Jeans）所说的那些意外之中的一个意外。后来，人们发现宇宙正在不断膨胀，而且人们还发现了宇宙起源于一个有限的时间点的证据。由于这些发现，玻尔兹曼的这种论点不再受人们青睐，但在多重宇宙的背景下，这种观点再次值得我们认真考虑。要想了解这种观点的重要性，我们可以根据热力

〔1〕 或者，它可能会发生在你下一次观看一杯水的时候，但你看到这种情况的概率是 1 ： 10^{23}。

学定律，思考宇宙的“自然”状态到底应该是什么——早在19世纪50年代，科学家们就一直为这一问题所困扰。

宇宙的热死亡

宇宙最奇异的特点是，其内部蕴含了明亮的恒星，这些恒星散布在漆黑的天空中。所有恒星都在不断地将热量释放到寒冷的宇宙中，这一过程遵循的规律是，热量从温度较高的区域向温度较低的区域流动。或许，只要这一过程永远持续下去，那么，恒星之间的空间中就一定会充满了辐射，其温度与恒星自身的温度相同，而宇宙会处于平衡状态。又或许，如果我们能够等待足够长的时间，恒星将会燃烧殆尽，由于它们不能产生足够的能量，就无法给整个宇宙加热，使其温度达到恒星的温度，恒星就会像冰冷的煤渣一样结束生命，并与其周围寒冷的环境保持平衡。无论恒星以哪种方式结束自己的生命，如果没有热冷对比，热量就不会流动，宇宙就会处于热力学平衡（或热平衡，两者是一回事）中，也就不会发生任何令人感兴趣的事情了。

1850年，德国物理学家鲁道夫·克劳修斯（Rudolf Clausius）发表了一篇论文，文中，他将我们现在已知的热力学第二定律引入他的科学探讨中。他很随意地写道：“*热总是显示出一种均衡温度差异的倾向，因此，热总是从温度高的物体传到温度低的物体*。”[1]几年之后，克劳修斯和其他研究人员改进了这种观点，并将它建立在牢固的数学基础上；但是，人们仍然公认，他1850年发表的论文标志着科学热力学的开端。

寒冷的宇宙中却存在着炙热的恒星，真是令人费解。将鲁道夫·克

〔1〕 斜体字是他标注的。

劳修斯的观点与这种费解的现象联系起来的第一人，是威廉·汤姆逊（William Thomson），他出生于贝尔法斯特，却在苏格兰度过了大半生，后来他曾被授予爵位，晋升为开尔文勋爵（Lord Kelvin），今天，人们更为熟知的是开尔文勋爵这个名字。他的成就很多，其中之一就是，汤姆逊独立得出了很多与克劳修斯相同的结论；为了纪念他在科学上取得的成就，根据热力学原理推导出来的“绝对”温标被命名为**开氏温标**。1852 年，汤姆逊发表了一篇科学论文，标题为“论自然界中机械能散逸的普遍趋势”（On a Universal Tendency in Nature to the Dissipation of Mechanical Energy），文中所提出的宇宙正在消亡的观点，正是对此观点所做的早期的陈述。这篇论文引发了专家们的极大兴趣和激烈讨论。1862 年，汤姆逊发表了一篇论文，标题为“关于太阳热的可能寿命的历史考察”（On the Age of The Sun's Heat），文中他指出，“如果宇宙是有限的，而且遵守现有的定律”，那么“结果将不可避免地会出现宇宙静止和死亡的状态”。两年后，赫尔姆霍兹（Hermann Helmholtz）引入了**“热寂”**（**或“热死”**）这个术语来描述宇宙的最终命运；汤姆逊和赫尔姆霍兹都意识到，宇宙以这种方式消亡的事实意味着它过去处于一种低熵状态，他们认为，这种低熵状态一定是他们尚不知道的物理定律的产物。19 世纪 90 年代，这种宇宙热寂的观点已经成为非常普遍的观点，它甚至在 H.G. 威尔斯（H. G. Wells）的经典小说《时间机器》（*Time Machine*）中发挥了重要的作用。但当时，庞加莱和玻尔兹曼已经就这一问题开始发表自己的观点。

| 每个可能的意外 |

1895 年 2 月 28 日，玻尔兹曼在《自然》上发表了一篇论文，标题为“论气体的若干理论问题”（On Certain Questions of the Theory of Gases），该标题看起来很乏味，但这篇论文的发表为这场辩论做出了主要贡献。文中，他重申了他以前曾经强调的重点，“所谓的热力学第二定律”其实只是对概率的一种描述。随后，他讨论了在一个装有氮气和氧气混合物的盒子中，氮气和氧气彼此自动分离（所有的氧气将会移动到盒子的一端，而所有的氮气将移动到盒子的另一端）的概率，他用H来表征一个与概率相关的参数，大体上与熵的变化趋势相反，“H降低的概率比H增高的概率大”。玻尔兹曼举例说，如果我们掷6000次骰子：“我们无法证明，抛出骰子后，得到任一特定数字的次数应该正好是1000次，但我们可以证明，我们投掷的次数越多，投掷出这个数字的比率，即投掷出这个数字与投掷出所有数字的比值，就越接近1/6。”但也有可能出现不太可能发生的偏差，这些偏差就相当于你连续掷几次骰子都得到同样数字。这些偏差都等同于玻尔兹曼H参数值的峰值；玻尔兹曼通过统计数字向我们展示，盒子中的混合气体极不可能自行分离，而且他还肯定了宇宙热寂的观点，宇宙“一定会趋向一种状态，在这种状态下……所有的能量都消耗殆尽”。就在他要结束自己的论证时，却出现了不尽如人意之处：

我将用我的老助理舒茨（Schuetz）博士的观点结束本文。

我们假设，整个宇宙将永远静止，处于热平衡状态。宇宙的一部分（只有一部分）处于某一特定的状态的概率，与这种状态偏离热平衡状态的程度成反比；但宇宙本身越大，此概率就越大。如果我们假设宇宙足够大，那么不管它的一个相对较小的部分处于何种状态，或者无论这些状态离热平衡状态有多远，我们完全可以做到这一点，及我们想让这部分的概率有多大，它就可以是多大。虽然整个宇宙都处于热平衡状态，但是我们还可以使这一概率大到能让我们的世界处于目前的状态。可以说，世界离热平衡状态是如此之远，以至于我们无法想象。但另一方面，我们是否可以想象出，在整个宇宙中，我们的世界所占的区域到底有多小？假设宇宙足够大，类似我们这样的世界所占的这样一小块区域处于目前的状态的概率就不再小了。

如果这个假设成立的话，我们的世界将逐渐回到热平衡状态，但因为整个宇宙如此之大，很有可能，在未来的某一时刻，其他的某一世界也可能偏离热平衡状态，而且与我们现在的世界偏离热平衡状态的距离相同。那么，前面提到的H型曲线将会反映出宇宙中所发生的事情。H型曲线的顶点代表了那些可以观察到运动并且有生命存在的世界。

因此，玻尔兹曼**涨落**[1]确实应该称为“舒茨涨落”！无论怎么称呼，1895年发表的论文中就出现这样一段令人震惊的文字，因为如果我们用我们所说的“多重宇宙”代替玻尔兹曼的术语“宇宙”，用我们所说的“宇宙”代替他的“世界”的话，这段文字就会与多重宇宙的现代观点直接相关。这段文字甚至还无意中隐含了人择推理的思想——像我们这样的观察者只能存在于类似于这样的涨落中，因此，我们发现自己生活在这样的涨落中是不足为奇的。

然而，玻尔兹曼很快就提出了自己的观点，并极力捍卫它，虽然这种观点的种子是舒茨播种的。1897年，他写道：

在我看来，如果不想引发整个宇宙从一个确定的初始状态到最终状态的单向变化的话，这种观点是我们理解第二定律的有效性和

〔1〕 部分状态偏离热平衡态的现象——译注

每个单一世界的热寂的唯一的方式。有种反对意见认为，为了解释为什么宇宙的一小部分仍然处于活跃状态，就假设宇宙中如此之大的部分是死寂的，这样做是不经济的，因此也是毫无意义的——我认为这种反对意见是站不住脚的。我还非常清楚地记得，曾经有一个人绝不相信太阳距地球2000万英里，[1]他的理由是，如此之大的空间中仅仅充满了**以太**，而如此之小的空间中才存在生命，这是难以令人置信的。

但是，在谈到类似我们世界的其他“世界”“在未来的某时间”形成时，玻尔兹曼忽略了一点。他想象的更广阔的世界（用**元宇宙**这个术语可能会更好）中没有时间。在热力学平衡中，无法区分过去与未来，与之类似，给一盒处于热平衡的气体拍摄一系列的快照，并将这些快照混合在一起，我们同样无法按照每张快照上原子的分布顺序，再把它们按拍照时的顺序排列好。如果我们生活的涨落处在这样一个元宇宙中，关于这个元宇宙，我们所能说的就是它确实存在，而且在这个元宇宙中，还存在其他的涨落。时间之箭（或很多时间之箭）仅仅存在于那些涨落中。

玻尔兹曼还探讨过另一个难题，为什么我们生活在这样一个热力学平衡的大涨落中？至今，这个难题仍然困扰着很多人。令玻尔兹曼高兴的是，不管我们的“世界”（宇宙）有多大，“假设宇宙足够大，宇宙中像我们的世界这么小的区域处于现在状态的概率，就不再小了”。也可能存在更小的涨落，但那又怎样？正如现在常说的那样，令人困惑的是，从元宇宙角度看，从热力学平衡中制造出一个更小的涨落要容易得多。

---

〔1〕 事实上，太阳距离地球9300万英里（约1.5亿公里）。此翻译出自S. G. 布拉斯（S. G. Brush）的著作《动力学理论》（*Kinetic Theory*），该书于1966年由牛津的帕加玛出版公司（Pergamon）出版。“以太（aether）”是一种假想的流体，它填充于真空中，发现狭义相对论后，就不再需要这种流体了。

举一个极端的例子，如果一个如整个宇宙那么大、那么复杂的涨落能够发生的话，那么让一个涨落制造出如下的事物就会更容易而且更有可能，即建造一间你所居住的房间，建造房间中的一切，包括你自己，以及你所有的记忆和这本书。它可能发生在一秒钟之前，也可能在你还没读完这个句子之前，它就已经消失了。如果你知道这场争论中存在一个重大缺陷，我敢肯定你会感到很高兴（如果你确实能够幸存下来读到此处的话），而且事实证明，正如我后文中要解释的那样，从玻尔兹曼的涨落中制造出一次大爆炸要比一次就制造出一个人脑更容易。但是，即使没有这种令人欣慰的解释，在一个无限的宇宙中一切皆有可能这种观点仍然是正确的，而且，无论我们生活的宇宙是如何的不可能，它必然会在某个地方出现。与我们的宇宙尺寸相同的涨落几乎不可能存在，我们很难理解其存在的可能性——但是，与无限相比，确确实实，任何数字都是无穷小的。这就提出了下面这个有趣的问题，我们自己的复制品存在于元宇宙中的某处的可能性有多大？他们离我们的距离有多远？

| 时间和距离 |

想要探讨时间与距离的关系，首先应该阐明**玻尔兹曼型涨落**是怎样在无序的元宇宙中的小区域内制造出有序的。19 世纪的科学家为我们描绘的“图像”是大量的粒子和射线处于平衡状态，而有序的泡泡就出现在**混沌**中。但是，这些泡泡不可能说出现就出现，而且在出现时也不可能已经完全成形。它们必须从远离平衡状态的涨落发展而来。就看看与我们所居住的涨落类似的涨落吧，粒子（和射线）必须以恰到好处的方式集合在一起，才能形成恒星、行星和人类。射线在恒星上汇聚并且深入到恒星内部，在恒星内部将元素的原子核（如碳元素的原子核）撕裂，并把它们转换成氦；从我们日常对时间流动的感知看，这像极了时间倒流。正是从这个角度看，我们说这一过程制造出一个像你的房间那么小的、短暂的泡泡，要比制造出一个像我们所看到的宇宙那么大的宇宙，容易得多；从同样的角度看，我们还可以得知，这一过程只是刚刚停止并开始朝着混沌的、低熵状态逆转，这种可能性要比这一过程一直持续到大爆炸，然后才开始逆转并朝着无序状态运行的可能性大得多。

众所周知，我们很难说清楚时间到底是什么，此处，关于时间的所有描述基本上属于某个宇宙观察者的观点，这个观察者站在时间之外并且观看着元宇宙的演变；然而对于居住在玻尔兹曼涨落中的任何人来说，在涨落形成的过程中，他们根本不可能体验到“时间倒流”。尽管几个有趣的科幻故事都是源于这种吸引人的观点，其中较有名的是菲利普·K. 迪克（Philip K. Dick）的《逆时针世界》（*Counter-Clock World*），但是，上一章中所使用的所有论点都将完全适用于涨落的两半。涨落形成时，会有一系列时间片（相当于霍伊尔的鸽洞），其中的某些片中含有更有序的宇宙，而另一些片中却是不太有序的宇宙。如果我们有关时间流动的感知的确是基于时间片顺序的排列，即有序的为“过去”，无序的为“未来”，那么同样的规则也适用于涨落的两半。我们可能生活在泡泡正在形成的过程中，但自己却永远也不知道。换句话说，从涨落所能达到的最低熵状态开始，不管涨落可能多高或多低，时间之箭所指的两个方向都是“朝上”指向高熵状态，站在时间之外的观察者看到的就是这样的景象。在泡泡中的任何地点，时间之箭都指向高熵状态。

有了这个玻尔兹曼涨落的经典解释，我们仍然不得不接受可能存在大小如你的房间、整个银河系或任何其他尺寸的涨落。有关大爆炸和宇宙膨胀本质的现代观点，给我们带来了一个相当不同的视角，我将要在第五章中探讨这一视角。但是，即使在现代框架内，我们仍然必须接受这种观点，即在无限的多重宇宙中，存在着可见宇宙中的一切事物的复制品，其中就包括你、我和行星地球，也包括可见宇宙自己。也许另一个“你”正待在和你现在的房间完全一样的房间中，但是这个房间的周围是永恒的混沌，这个“你”也许并不存在；相反，另一个“你”也许待在和你现在的房间完全一样的房间中，而这个房间位于与地球极为相似的一颗行星上，这颗行星正绕着一颗与太阳类似的恒星的轨道运行，而这颗恒星位于类似银河系的一个星系中，以此类推。

这些不同的宇宙到底是怎样出现的？现在，如果这个问题并未困扰你的话，你就有可能大体上弄清楚这些不同复制品之间的距离到底有多远，方法很简单，观察一下构成你的身体，或地球，或一个星系，或整个宇宙的原子和粒子到底有多少种排列方式就可以了。例如，想象（或计算）一下你身体中的原子到底有多少种排列方式，然后再将这些数量的“你的身体”并排排成一线，记住同一个身体只能排列一次，不能重复，在所有的身体都已经被排完，你不得不重新开始之前，这条线会有多长？宾夕法尼亚大学的马克斯·泰格马克（Max Tegmark）已经为我们完成了这种数字运算，而且他计算的可不是我们的身体的尺寸，而是可见宇宙的尺寸。

大爆炸发生后，时间过去还不到 140 亿年，因此从这个意义上说，宇宙的年龄略小于 140 亿岁，我们可以看到的最遥远的天体所发出的光是不到 140 亿年前发出的。但是，由于这束光线在空间中旅行了很长的距离才到达我们这里，而且空间自身一直在不断膨胀，宇宙也在不断变大，因此，可见的最遥远的天体与我们的距离并不是约 140 亿光年，而是略多于 140 亿光年。这就是我们周围的空间泡泡的半径，因为天文学家哈勃发现了宇宙正在膨胀，为了纪念他，这个空间泡泡被称为**哈勃体积**。在多重宇宙的其他行星上，生活着你自己的复制品，这些复制品分别被他们自己的哈勃体积包围着，而这些哈勃体积中包含了他们所能看到的一切，前提是他们的望远镜能看得足够远。但没有理由认为这些哈勃体积是互相重叠的。事实的确并非如此。

假设空间是无限的，而且在大尺度上，物质均匀地分布在空间中，[1] 泰格马克计算，离你最近的另一个“你”所生活的行星距离地球大约 $10^{10^{29}}$ 次方米。该数字之大真是令人难以置信。泰格马克喜欢用这样说法，即该数字“超过天文数字”，因为它远远超过了哈勃体积的半径，而哈勃体积的半径包含了天文学家用望远镜所能研究的一切事物。但与无限相比，这个数字仍然是无穷小的；泰格马克强调，这个数字的大小并不能削弱存在另一个“你”的真实性。

使用相同的假设，在距地球 $10^{10^{91}}$ 次方米远的地方，应该有一个半径为 100 光年的球形体积，其内部的事物与以地球为中心、半径为 100 光年的空间区域所包含的事物完全一样；并且在与我们整个哈勃体积相距 $10^{10^{115}}$ 次方米的地方，应该有一个与我们的整个哈勃体积完全相同的复制品。而且，还会有更多的我们宇宙的复制品，但它们并未完美地复制我们的宇宙，它们与我们的宇宙存在着差异，这些差异本质上就类似埃弗莱特所解释的量子现实的不同的版本，即你的不同的复制品做了不同的选择，从而影响了他们未来的生活。正如泰格马克所说，“原则上，此处可能发生的一切事情确实曾经在其他地方发生过”，例如，你抽彩票的时候中了大奖，或一个星期前一颗较大的小行星摧毁了“地球”上的生命。这两件事都可能在地球上发生，而且确实曾在其他地方发生过。

在一个无限的、不断膨胀的元宇宙中，一切事物都有其复制品，所有的事物都始于大爆炸，并且所有的事物都遵循相同的物理定律，

---

〔1〕 宇宙背景辐射的观测证据表明，我们的宇宙在 10^{24} 米以上就没有相干的结构了，这就是泰格马克所说的大尺度的含义。

泰格马克将这种情况称为“**第一层**”**多重宇宙**。正如其名称所示，还有其他类型的多重宇宙，其中包括埃弗莱特量子物理学意义上的平行宇宙（泰格马克把这种宇宙归类为“第三层”多重宇宙），也包括我将在后面谈到的那些不同的可能性。但这只是多重宇宙主题的最简单的变动，泰格马克认为，宇宙学家们在解释观测证据时做了许多假设，而第一层多重宇宙的观点就隐藏其中。例如，宇宙背景辐射的观测表明，天空中混合分布着稍热和稍冷的小块区域。这些区域的大小与空间的**曲率**相关，而且观测结果也强有力地支持了这种观点，即空间并不像球面那样弯曲。用宇宙学家的话说，他们已经有 99.9% 的信心可以排除**球面几何模型**。这句话的意思是说，根据标准计算，与我们所看到的冷热区域大小一样的冷热区域能够出现在球形宇宙中的机会是 1 比 1000（在 1000 个球形宇宙中，可能会偶然出现一个与我们所看到的冷热斑块大小一样的宇宙）。但泰格马克说，如果能够观测到（至少）1000 个其他的球形宇宙，那么对这个数字的这种解释才有意义。“99.9%的信心”的真正含义是，每 1000 个球形宇宙中有 999 个球形宇宙中的区域与我们所见到的区域是不同的，而我们并不太可能生活在这样一个非常罕见的球形宇宙中，即这种球形宇宙中的区域愚弄了我们，使我们认为空间是平坦的。有关无限的空间，到目前为止，我们就研究到了这种程度，但关于无限的时间，我们又研究到什么程度了呢？时间是从哪里开始进入宇宙学计算的呢？

| 时间和热力学 |

玻尔兹曼所描述的热力学平衡中的涨落和我们所生活的宇宙之间的主要区别是，我们生活的宇宙正在膨胀。在一个无限的、永恒的、处于稳定的混沌状态的元宇宙中，一个涨落有可能（虽然这种可能性极为罕见）制造出一个与我们所生活的宇宙完全相同的宇宙，但这个宇宙是不膨胀的；一个涨落也有可能制造出漂浮在混沌之中的一个单间，或一颗行星，甚至是一个赤裸裸的人类大脑。众所周知，前一种可能性要比后一种可能性小得多。但是，我们的宇宙始于大爆炸这一事实改变了我们的看法。就涨落而言，制造一个自大爆炸以来一直在膨胀的宇宙远比制造一个孤立的人脑容易得多，这种看法我在前文中已经有所暗示，而且在下一章中我将详细论述。但在我开始探讨我们所了解的宇宙是怎样诞生的之前，我们这个特定的宇宙的本质——我们这个特定种类的宇宙的本质，为我们提供了研究热力学和时间之箭的一个略为不同的视角。而引力将膨胀的宇宙中所包含的物质块拉扯到一起这一事实就更有趣了。

经典热力学主要是由 19 世纪的先驱，如克劳修斯、开尔文、玻尔兹曼和美国的吉布斯（Josiah Willard Gibbs）发展而来。经典热力学主要处理平衡中的系统。例如，它能告诉我们，从前面所描述的装有气体的盒子中取出隔板时，空气会散布开来充满整个盒子，因为充满空气的盒子是处于平衡状态的。但是，尽管经典热力学取得了成功，但它并不善于描述当空气散布开来充满整个盒子时（当它不处于平衡状态时），到底发生了什么。实际上，正如我在另一本书中所探讨的那样，[1] 经典热力学假设时间不存在。经典热力学根据一系列略有不同的状态，描述事物（如气体散布开来以装满整个盒子）和更为复杂的系统，这些事物和系统都处于“**静态**”，但彼此间的一些微小的步骤却有所不同。其实，无穷微小的步骤将意味着，气体要填满盒子需要无限长的时间——所以，很显然这种方法存在不足之处。虽然从名称上说术语“**动态**”意味着改

〔1〕《深奥的简洁》（*Deep Simplicity*）。

变，但实际上经典热力学根本就没有描述变化，而经典热力学中的关键概念（如熵）是通过计算处于平衡状态的系统得来的，通过对比两个处于平衡状态的系统得来的，或是通过对比同一个系统中的不同状态得来的，如对比盒子中的隔板被移走之前和之后的状态。这并不意味着那些关键概念都是错误的，但它确实意味着这些关键概念并没有为我们揭示全部事实真相。

在 20 世纪，特别是在 20 世纪后半叶，以挪威的拉斯·昂萨格（Lars Onsagar）和生于俄罗斯的伊利亚·普里高津（Ilya Prigogine）等先驱的工作为基础，科学家们发展了非平衡态热力学，非平衡态热力学描述的是，提供能量流后，事物如何变化以及复杂的系统（直至还包括人类的复杂性或地球上生命网络的复杂性）如何从简单的构件中生成，看上去这似乎违背了热力学第二定律。所有这一切使得对于数学家所说的混沌（此处的混沌与玻尔兹曼想象的作为世界自然状态的热力学混沌并非一回事）和复杂性的研究成为当今最重要的研究领域之一，但此处，我们没必要对其进行详细探讨。我们必须接受的是，在膨胀的宇宙中，我们必须修正我们有关平衡的观点。

让我们回到那个气体扩散到整个盒子中的简单例子吧。假设我们用一个非常长（也许是无限长）的软管来代替那个有限的、被隔板整齐地划分成两部分的盒子，软管上装有一个活塞，顺着软管活塞正在被拉出来，气体在活塞后面扩散开来，填充活塞后面不断增加的空间。只要活塞在移动，气体就永远无法停下来达到热力学平衡。或者，想象在一个无限大的盒子中，气体从一个角落开始扩散，一直扩散到周围的**太空**中。它将永远扩散下去，方向总是朝向热力学平衡状态，但永远也不会到达这种状态。又或者，假设我们从一个装满了气体的小盒子开始，但这次是盒子本身在扩大，因此盒子中的气体也在扩散。或者，再假设我们打开盒子的盖子，让气体进入到一个无限的真空中。大爆炸后宇宙在不断膨胀，所有这些都是对宇宙膨胀方式的合理的类比，而我们手中最好的证据，包括第二章中所述的暗能量，是宇宙的确将永远膨胀下去的证据，宇宙中的物质随之变得越来越稀薄。现在，你还不必担心这一过程是如何开始的——我将在第五章阐释清楚这一点。

这种宇宙在不断膨胀并且其中的物质逐渐变得稀薄的观点为我们提供了另一支时间之箭，这支箭与热力学系统所描述的时间之箭大相径庭，热力学系统的时间之箭趋向于热力学平衡和熵增加。从宇宙学角度看，我们所说的过去和未来显然存在着差异；过去就是星系团之间的距离比现在它们之间的距离更近的时候，而未来就是星系团间的距离比现在它们之间的距离更远的时候。换句话说，根据我们对时间流动的主观体验，宇宙学和热力学中的时间之箭所指的方向是相同的；当宇宙变得更大时，更多的恒星会燃烧殆尽，一切都会趋于热力学平衡，那时候宇宙处于较高熵的状态。

但你应该发现了，所有这些描述都存在某些奇怪之处。我们可以说，未来就是星系团相距较远的时候——但在一个趋于热力学平衡状态并且会从均匀的气体重新开始的宇宙中，像星系这样的大天体在做什么呢？我们可以说未来就是恒星都燃烧殆尽之时——但是像恒星这么热的天体（当然它们还没有与其周围的环境保持热力学平衡）在宇宙中又是如何形成的呢？这两个问题的答案都是引力。引力允许不规则的产生，这违背了适用于无引力情况的热力学定律。经典热力学根本不包括引力，因为，对于理解地球上诸如装有气体的盒子或冰块在一杯水中融化这样的事情来说，引力并非很重要。但在恒星、星系和宇宙的尺度上，引力是非常重要的。至少在一段时间内，引力颠覆了经典热力学规则，它增加了两个地方之间的温度差异，并且增加了描述宇宙所需要的信息量，因为引力具有奇特的属性。与一个物质块，如一颗恒星，或一个星系，或者，事实上是，你的身体，相联系的引力的能量是负能量。这意味着，引力场中包含着负熵——意味着引力提供了一种下降的熵。

| 宇宙之箭和引力下降 |

在别的书中，我已经讨论了**引力的负性**；它是宇宙的一个非常重要的特征，并且与我们的直觉截然相反，所以，我在这里要多说几句。为什么我们所看到的宇宙能够存在？一个最重要的原因在于，我们无法掩盖这一事实，即引力场的能量是负的。

要想理解这一点，就得知道引力是如何起作用的。它遵循**平方反比定律**，这意味着任何两个物体（任何两个物质块）之间的引力与它们之间距离的平方成反比。当两个（或更多的）物体被引力拉扯到一起时，这股力量使它们的运动速度加快，将引力的能量转换成运动的能量——动能。原子和分子相互碰撞所形成的动能，就是我们所说的热量。例如，一颗恒星形成之初只不过是一大团冰凉的气体和尘埃，但是随着它的缩小，并且随着引力的能量转换成动能，它会越来越热。一旦**原恒星**内部足够热，就会发生核聚变反应，而且它可以保持这个温度，直到核燃料耗尽为止。但所有这一切都始于从引力场中获取的热量，物质坍缩形成更为紧密的状态的同时，也生成了这些热量。这就是炙热的恒星能够在寒冷的宇宙中形成的原因，看上去这一过程似乎违反了热力学第二定律。物质的浓缩就类似于熵的下降。

现在让我们设想一下，将一颗与太阳类似的恒星分解成原子或粒子，并将这些原子或粒子散布到一个无限大的物质云中，使得每一个粒子与距离它最近的粒子间的距离是无限远的。因为 1 与无限（更不用说无限的平方）之比一定为 0，那么在这些粒子间将不存在引力。换句话说，其引力场的能量将为零。很显然，我们其实不能用这种方法分解恒星，但这个简单的想象，可以让我们洞悉一个基本事实，这一事实是利用引力理论公式，并通过适当的计算得出的，即再多的物质，如果其组成部分彼此间相距足够远的话，其引力能量确实可以为0。这并不是一个任意的选择，比如，在测量温度时，你可以在使用摄氏零度还是华氏零度之间做出任意的选择，这是一个基本的事实，就如同你从开氏温标的零点开始测量温度一样。

比无限分散的云团（即使是一个气体云团，在每公升的空间中都会含有一个氢分子）更紧凑的任何浓缩的物质，一定比无限分散的云团所含有的引力能量少，这是因为，物质结合起来时，能量就会从引力场中转移出去。我们是从零能量开始的，并且一部分能量已经被转移走了，因此我们只剩下负能量了。引力场有负能量才会允许负熵（相当于信息）增加，才会使宇宙变得更复杂、更有趣，在这里，炽热的恒星倾泻出能量，而类似地球的行星又以这些能量为能源，因为它们试图修正不平衡状态。最终，熵会获胜——但是，目前熵还没有获胜。

我们还剩下多少负能量？运用相对论，对它进行相对简单的计算，我们可以得出一个结论，即任何质量为 m 的物质（一颗恒星、一颗行星、一个人、一个宇宙……）都可以一直坍缩成一个理论点——**奇点**，与这一质量相关的引力场的能量将会是负的 mc^2。根据爱因斯坦的著名方程推论得出，它会与这种物质本身的静止质量能量完全相等，但符号相反。这两种能量恰好会相互抵消，这就意味着，总的来说，任何物质浓缩成一个点后都具有零能量。

这种观点是非常重要的，而首次关注到该观点的重要性的人便是德国人帕斯库尔·约当（Pascual Jordan），他意识到这意味着如果一颗恒星诞生于一点，它就可以从无中生有，因为其负引力能量正好相当于其正的静止质量能量。20 世纪 40 年代，物理学家乔治·伽莫夫（George Gamow）主要在华盛顿从事研究工作，而爱因斯坦当时任职于普林斯顿大学。当伽莫夫访问普林斯顿大学的时候，跟爱因斯坦提到了这个令人震惊的观点。“爱因斯坦突然在路上停了下来，”伽莫夫说，“当时我们正在过马路，几辆车都不得不停下来，以免撞到我们。”

虽然这个观点非常令人震惊（足以使爱因斯坦停下脚步），但如果用这种方式制造恒星，至少还存在两个问题。第一个问题是将物质聚集在一起的引力是很大的，大到物质无法散布开来形成一颗恒星；[1]第二个问题是即使这样的事确实发生过，我们也无法看到它，因为它隐藏在黑洞之中。还有一个问题，即没有任何理论可以真正解释奇点处到底发生了什么，它们只能解释奇点附近所发生的事情。20世纪40年代，甚至连爱因斯坦都不重视这种观点，当时才刚刚发现宇宙在不断膨胀，大爆炸这个术语，在宇宙学领域还没有造出来。但是，如果你可以从无中制造出一颗恒星，你就能从无中制造出一个宇宙，假设刚开始时它非常非常的小，而你却拥有某种机制可以让它迅速膨胀，直到引力再次将它扼杀。这正是物理学家们在20世纪80年代所发现的，也是我们下一章将要探讨的话题；从这个角度来看，我们就处于黑洞之中，而且还在解决其他的问题。但关于时间之箭，引力还可以告诉我们更多的信息。

随着时间的流逝，引力将物质拉拢在一起，即使是从大爆炸诞生之初非常平滑并且一致的宇宙——如我们的宇宙好像正是如此，也会变得越来越不规则。如果这个过程持续足够长的时间，最终大量的物质将会葬身于黑洞之中，黑洞是物质所能浓缩的极致。黑洞在空间的脉络中制造了深深的凹坑，但是，在黑洞附近，即使是还没有浓缩到极端的物质，也会造成空间扭曲。从我们人类的角度看，随着时间的推移，空间本身会变得越来越褶皱。空间变得褶皱的过程始于一个几乎一致的宇

〔1〕 奇点是一个理论点，在奇点处，力将是无限的，这就是为什么物理学家不相信他们的理论适用于奇点的原因之一。

宙，即使空间没有膨胀，这种事也会发生，因此它独立于宇宙的时间之箭之外。未来就是空间较褶皱时；而过去就是空间较平滑时。当我们试图想象如果我们的宇宙不再永远膨胀下去，它会有怎样的命运时，这种空间褶皱的观点让我们踌躇了。

反弹？

广义相对论用数学的方法精确地描述了一个自大爆炸以来一直膨胀的宇宙，这与我们所观察到的我们的宇宙的膨胀方式完全相同。但是，这种对膨胀时空的描述并不是爱因斯坦方程的唯一的解。实际上，爱因斯坦的方程描述了各种宇宙。其中一些宇宙膨胀得快，一些宇宙膨胀得较慢；有些宇宙大，有些宇宙小；有些会永远膨胀下去，有些注定要在“**大坍缩**”中回到原点，这就使我们想到，大坍缩的过程可能与大爆炸的过程相反。这些各种可能的宇宙，也可能与寻找多重宇宙相关——也许爱因斯坦方程所允许的所有宇宙都存在于多重宇宙中的某个地方——但现在我希望把重点放在它对我们宇宙的启示上。

爱因斯坦的广义相对论已经提出大约 80 年的时间，大爆炸的观点也已经被世人认可了很长一段时间，但是，人们仍然不清楚，我们的宇宙到底是会永远膨胀下去，还是有一天会重新坍缩。这两种可能性都是方程所允许的，而宇宙的命运取决于宇宙中物质的数量和可能存在的宇宙学常数之间的平衡。物质的数量不同，其引力就不一样，而引力的作用是阻止膨胀的发生并把膨胀带到相反的方向。宇宙学常数的作用类似于**反引力**，而它会鼓励膨胀的进行。直到 20 世纪末，我们关于这两方面的认识一直存在着不确定性，这就允许理论家们从各个角度推测宇宙的最终命运。其中的一种猜测，可以追溯到 20 世纪 20 年代早期，俄罗斯理论家亚历山大·弗里德曼（Alexander Friedmann）的作品。这种猜测认为我们现在所说的大爆炸实际上可能是一个“**大反弹**”，是以前的宇宙（或是同一宇宙）在更早之前的大爆炸后，膨胀到一个有限的尺寸，然后进行浓缩的结果。

物理定律，特别是广义相对论方程，允许这种可能性的存在。如果看到有这种可能性，大概连亚里士多德都会感到非常高兴吧，因为它似乎允许一个在空间上是有限的但在时间上却是无限的宇宙的存在，从而消除了时间的起源这一问题。它还暗示了存在另一种多重宇宙的可能性，当然前提是你得把大爆炸后所发生的每个阶段的膨胀，以及随后朝着我们所说的“大坍缩”所进行的每一次坍缩（有时也被称作大挤压），都看成是一个独立的宇宙。为了解释我们在第二章中所探讨的巧合，并且解释我们存在的原因，我们需要各种各样的宇宙学常数值，无限数量的“过去”和“未来”的泡泡，给宇宙学常数值的变化留有余地。但遗憾的是，至少在描述我们的宇宙时，**反弹模型**并没有发挥作用。然而，这种模型是非常吸引人的，因此，此处有必要向大家解释一下它不起作用的原因。

循环模型的吸引人之处在于，很长一段时间以来，人们认为它使得大爆炸不需要一个奇点。从表面上看，爱因斯坦的方程暗示了宇宙始于一个奇点，这个点拥有无限密度，并且其体积为零。但最初人们认为正在坍缩的宇宙会在它实际上还没有达到奇点，但其密度已经非常高的时候发生反弹。在人们心目中，这种密度类似原子核的密度，它是当今宇宙中物质密度的极致。然而，20 世纪 60 年代，理论家罗杰·彭罗斯（Roger Penrose）和史蒂芬·霍金（Stephen Hawking）通过让方程中的时间倒流的方式，得出一个结论，即在相对论的框架下，我们的宇宙在诞生时不可避免地会存在一个奇点，而且在黑洞中心一定存在某些与之完全相同的奇点。有关奇点问题，广义相对论可能并不能做最终的裁判，奇点附近所发生的事情取决于量子物理和引力的相互作用。但可以肯定的是，我们可以排除这种简单的“反弹”了，即从一个拥有非常高但“正常的”密度（如原子核的密度）状态的反弹。

在**振荡宇宙模型**中熵也存在问题。仅仅思考膨胀和坍缩的一个阶段，即无限的振荡链中的一个泡泡，这些问题就会凸显出来。20 世纪 30 年代，美国物理学家理查德·托尔曼（Richard Tolman）指出，在每一次振荡中熵都会增加，因此，连续的“大爆炸”就会带来更大的熵。这样便使得连续的反弹更为有力，因此，宇宙在连续振荡中不断膨胀。如果振荡链确实无限远地延伸到过去，那么当前的“振荡”将会非常大，以至于我们无法把它和创造了一个膨胀的宇宙的那次大爆炸区分开。这就否定了振荡宇宙模式的所有观点。但是，这并未阻止人们提出一些激进的观点，以使这种模型死而复生，这些观点关注的是如下思想，即在这种宇宙正在坍缩的那一半，时间可能会倒流，从而重新设置熵时钟。

| 回到未来 |

在这种情况下，泡泡中正在坍缩的那一半将会成为正在膨胀的那一半的**镜像**，一切事物就如时间之箭逆转所展示的那样：辐射出去的射线又落回到恒星之中，生成的复杂元素又还原成简单的元素，等等。乍一看，这可能与玻尔兹曼的涨落没有太大的区别。玻尔兹曼认为时间之箭在涨落的两部分中的方向是相反的。但这两种观点间有一个关键的区别。玻尔兹曼涨落中，时间之箭的箭尾对着箭尾，都是从更为有序的状态指向更大的元宇宙的无序的、高熵的状态。在一半膨胀一半塌缩的宇宙中，时间之箭的箭头对着箭头，都指向泡泡的最大膨胀状态，而箭尾都远离奇点。

它们之间的不同就类似于下面这两组火车之间的差别：其中，有两列火车在同一轨道上分别朝着相反的方向驶离车站，而另两列火车在同一轨道上分别从相反的方向朝着对方开来。时间之箭在中间相遇时，会发生什么呢？我们都知道两列火车相撞会发生什么；为了避免在宇宙泡泡中出现同样棘手的事情，在宇宙的每个地方，时间必须瞬间同时逆转。在宇宙泡泡中，万物如何知道已经到了逆转热力学的所有进程的时间呢？就举一个简单的例子吧，假设当宇宙达到其最大尺寸的时候，一个单光子刚刚从恒星的表面诞生，并将要朝着太空出发。这个单光子（连同宇宙中所有其他的光子）怎样才能突然之间将其动作逆转，而朝着它刚刚诞生的恒星飞去呢？

即使我们承认时间的流动只是一种幻觉，并承认潜在的现实就是一系列像弗雷德·霍伊尔所说的鸽洞那样的时间片，要想使这一过程得以实现，唯一方法就是改变一摞鸽子洞中每一个鸽洞“记忆”的存储方式，而一摞鸽子洞此时相当于最大尺寸的宇宙。分割线另一边的鸽子洞将包含我们所说的“未来”的“记忆”或记录，而不是过去的“记忆”或记录。这两组记录都描述了从大爆炸向最大膨胀状态的膨胀过程。事实上，为了重新设置熵时钟，它们将不得不描述自大爆炸以来的同样的膨胀。一摞鸽子洞根本就不需要分为两半，因为第二半将会是第一半的简单重复。只存在一个大爆炸，不会是两个，更不用说它们的无限振荡序列了；无论你住在泡泡的哪一半，你都会看到时间像我们今天所看到的一样，大爆炸发生在过去，而宇宙的不断膨胀发生在未来。我们现在只有一次大爆炸，而且，我们又得再次面对宇宙学巧合之谜。无论这个孤立的时空泡泡是什么，它肯定不是一个多重宇宙，这种观点确实很难接受。

然而，我们还应该弄清楚另一个难题，这个难题与时间之箭和光及其他形式的辐射的本质有关。我没有用光子离开恒星并逆转其方向这一现象来举例子，而是用电磁辐射来举例，原因在于描述电磁辐射行为的方程也可以描述时间的“顺行”或“逆行”。19世纪，由詹姆斯·克拉克·麦克斯韦（James Clerk Maxwell）发现的方程通常用来描述离开其诞生地，如太阳或电视发射机，向外朝着宇宙运动的电磁辐射。在宇宙中，有些电磁波可能会进入到你的眼睛，或被你房顶上的电视天线接收到。诞生于某一源头的光在空间中扩散开来，就像扔进池塘的鹅卵石所形成的涟漪会扩散开来一样，当然这发生在三维空间中。我们很自然地就会用这种方式解读麦克斯韦的方程，因为这种解读符合我们对于时间流动的日常体验。但是，这些方程同样可以描述逆向的过程，也可以描述那些来自遥远的宇宙深处的电磁波。这些电磁波穿过宇宙向内传播，最终汇聚在一个天体——如一颗恒星上。那些离开了你屋顶上的电视天线的波与来自宇宙的各个方向的波互相混合，从而汇合到了“发射机”上。

哲学家休·普莱斯（Huw Price）主要在悉尼大学从事研究工作。他曾将这种**对称性**应用到物理定律中，从而为以下论点的形成奠定了基础：在单一“泡泡”宇宙中，时间之箭是逆向的，这种宇宙有两个起源，却没有终点，我们一定要认真对待这种宇宙。他的论点是非常吸引人的，20世纪80年代史蒂芬·霍金也曾探讨过类似的观点；但是许多物理学家，如阿尔伯塔大学的唐·佩吉（Don Page）和美国亚利桑那州立大学的保罗·戴维斯（Paul Davies）都曾驳斥过他们的观点，他们指出，在任一单一宇宙中时间会逆行，这并不是对量子世界的正确解释，对量子世界的正确的解释应该是在埃弗莱特的多世界诠释中，有很多宇宙的时间是会逆行的，也会有同样数量的宇宙中的时间是顺行的。虽然在所有可能的世界中，只有一小部分的行为方式是奇特的，而且这种奇特的行为方式将不会允许生命存在，但是，“一个随机的观察者”戴维斯说，“非常有可能发现，他自己所在的宇宙中，时间之箭并不改变方向”。

即使在振荡宇宙坍缩的那一半中，时间也不会发生逆转，而且时间之箭始终指向同一个方向。此外，反弹的宇宙这种观点还存在另一个问题。我们的宇宙诞生于大爆炸发生后所出现的非常平滑的状态，并且从那以后引力就将物质块拉扯到一起，最终形成了黑洞，使空间不再平滑。所有的黑洞一定都包含奇点或包含极为接近奇点的环境，它们在宇宙诞生时就已经存在了，而在这些黑洞中，量子过程和引力之间进行着相互作用，其作用方式至今还不为我们所知。掉入黑洞的物质，在宇宙还未到达大坍缩之前，就到达了宇宙尽头大坍缩的对应物。因此，大坍缩自身就涉及了黑洞与奇点的合并问题，这是一个复杂的过程，绝对并非大爆炸的一个镜像。

幸好暗能量有排斥力，我们肯定没有朝着大坍缩前进，并且所有这些关于膨胀与坍缩重复循环的猜测都不适用于我们的宇宙。但是，这并不意味着大爆炸“之前”和我们的宇宙消亡“之后”不会发生这样的事情。宇宙是如何开始的?

对这一问题所做的最好的解释把我们带到了多重宇宙这个主题的另一个方面，并且它可以给宇宙巧合之谜提供一个满意的解决方案。它还涉及我们认为自己已经有所了解的奇点附近的物质的行为方式，这就是所谓的**“暴涨”**。

chapter

5

（就像）重新开始

粒子连接 / 无中不能生有 / 让宇宙膨胀 / 回到恒稳态？ / 时间之河中的泡泡 / 永恒的暴涨和简单的开始 / 玻尔兹曼的大脑、时间之箭和因果补丁物理 / 到无限——并且超越无限！

宇宙学家相信，在星系和恒星的尺度上，对于宇宙诞生大约一万分之一秒之后所发生的一切，他们已经有了较为深刻的认识。这似乎是个非同寻常的论断，但它却建立在坚实的基础上，这一坚实的基础始于宇宙的年龄为一万分之一秒这一时刻。

虽然广义相对论认为，宇宙诞生时一定存在一个奇点，而且在黑洞中，一定有很多奇点，但是，物理学家却把奇点看成是广义相对论中存在的一个问题，而不把它看成是对现实世界的描述。他们期望**量子引力理论**能够去除方程中的奇点。但是，试想如果我们按照广义相对论方程，把宇宙的膨胀过程从时间上倒流回去，我们就可以把与方程中的奇点对应的时刻设置为“**零点**”。那么，问题就变成，在时间上，我们最远能回到什么时候——我们离零点能有多近；然后，我们再去重新审视，到底广义相对论和今天所能适用的所有其他物理学定律都告诉了我们什么。

还是让我们保守点，从研究最极端的物质形式开始吧。在地球上，对这种物质形式的研究已经非常详尽。在地球上，通过实验研究原子核的历史，已经远远超过百年，而且我们已经完全了解了原子核的行为方式。这些研究成果已经极为成功地用于解释恒星的工作机制，因为恒星内部一直在进行着核反应。可以肯定地说，物理学家已经了解了那些密度与原子核的密度相当的物质的行为方式。用今天已知的宇宙密度，计算过去每个**历元**的宇宙密度并非难事，过去每个历元的宇宙密度都比现在小，但是，它们所包含的物质量却与现在相同。宇宙是否无限无关紧要，因为此处我们感兴趣的是，我们今天所看到的这部分宇宙的起源，以及随着时间的流逝，它是如何变化的；在我们的视界之外，同样的事情可能还在发生，但这不会影响我们的讨论。经计算，我们发现零点后的仅仅一万分之一（0.0001）秒，我们今天所看到的宇宙中的一切就都被塞进了一个炙热的**物质团**中，这个物质团的密度就相当于原子核的密度。

以下就是大爆炸的传统含义：那时，炙热的火球迅速膨胀，而且已知的物理定律可以非常令人满意地解释那个膨胀的火球中的不规则性是如何成为星系成长的种子的，随着宇宙年龄的增加，在那些星系中，形成了恒星和行星，当然，前提是第二章中提到的暗物质确实存在。**标准大爆炸模型**于 20 世纪 60 年代[1]问世。当时，物理学家还不能解释这个火球来自哪里——0.0001 秒之前到底发生了什么事，使得该火球不断膨胀，并为它打上了不规则的烙印，使它的尺寸正好能够成长为我们周围所看到的这种结构。他们还不能解释，为什么宇宙中物质的密度正好是临界密度。

宇宙学的历史最早可以追溯到 40 年前，即 20 世纪 60 年代末。当时，还没有人知道宇宙如何在高温下获得核密度状态，从似乎是奇点的起源处迅速膨胀开来。许多宇宙学家甚至认为，我们永远也无法揭示这个问题的答案。但十年间，20 世纪 70 年代末，粒子物理学和宇宙学结合后，人们就开始尝试解释传统的大爆炸[2]发生之前到底发生了什么使得宇宙不断膨胀。这种观点发展到现在，就是我们所知的暴涨，它解释

[1] 大爆炸的观点可以追溯到这之前很长时间，但准确的大爆炸模型的建立只有 40 多年的历史。
[2] 今天，大爆炸这个术语通常用来指零点后所发生的一切。

了在一个不断膨胀的**元宇宙**中，宇宙本身是如何起源的。它甚至可以把我们与多重宇宙联系起来。

粒子连接

“粒子”物理学这个名称有些用词不当，因为，正如我们所见，物理学家把像电子这样的基本实体看作量子现象，认为它们具有粒子和波两种属性。他们根据场的行为，如引力场和电磁场，描述这些基本实体。因为诸如引力和电磁力这样的力本身，也是根据场来描述的，所以，称研究粒子和力相互作用的理论为**量子场理论**是很合适的；但是，粒子物理学这个术语不那么令人畏惧，而且，连量子场理论家自己也在广泛使用粒子物理学这个术语。不过，最重要的一点是，无论使用什么名字，这种理论描述的是粒子和力的行为——类似电子这样的物质与类似电磁这样的物质，或类似电子这样的物质与其他粒子相互作用的方式。

我们只需要考虑两种重要观点。第一种观点是，按照$E=mc^2$，物质粒子和场之间可以进行能量转换。在量子层面上，因为这一过程实际上涉及将一种场转变成另一种场，因此，刚刚接触这种观点时，人们都感到非常震惊。在一个场中，如果有足够的能量可供使用，它就能把自己转变成一对粒子（严格地说，一个粒子及与之对应的**反粒子**），这些实体还可以相互作用，当它们的能量转变成另一种场的能量时，它们就会消失。举个最简单的例子，在完全可逆的相互作用中，一个高能量的光子（电磁场中的一个量子），可以转变成一个电子和一个**正电子**。第二种重要观点是，今天我们在宇宙中发现的所有可以起作用的力——引力、电磁力和只在原子核及更微观层面起作用的两种力（“强力”和

“弱力”）——都是从一种单一的超力（superforce）中分离出来的，只有在非常高的能量中，这种力才会起作用。

物理学家至今尚未发现唯一的一套可以用来描述这种超力的方程；但这种将所有的力合而为一的观点，却并非新提出的观点。早在19世纪，苏格兰人詹姆斯·克拉克·麦克斯韦就发现了一组可以描述电和磁的方程。以前，人们认为电力和磁力之间存在很大差异，它们是一种单一的力（或单一的场）——电磁力——的不同方面。发现这组方程后，人们就可以把**量子电动力学**或QED（电磁力的量子理论），和弱力结合在一起。另外，还有令人信服的迹象表明，如果扩展一下这个**“弱电”理论**，强力也可以囊括其中。然而，最大的难题在于，像其他的力一样，我们得把引力——所有力中最弱的力，放到同一组数学方程中。这就是量子引力理论如今成为如此炙手可热的研究课题的原因所在——它为我们提供了去除奇点的最好机会。同时，它还为我们提供了一种希望，即找到一组公式来同时描述所有的力和粒子，场理论家把它称为**万物之理**。在下一章中，我们会进一步探讨这个问题。现在，我们关注的重点是，有关大爆炸的起源，粒子物理学——如果你喜欢用场理论这个词也可以——可以告诉我们什么。

无中不能生有

为什么物理学家确信量子引力将会解决时间诞生之初的奇点问题？主要原因在于量子物理学告诉我们，像其他事物一样，时间也被量子化了。换句话说，存在一个最小的、不能再分割的时间单位。当然，这个基本的时间单位是很小的——10^{-43}秒，小数点后面、1的前面有42个零。在日常生活中，我们为什么无法感受到时间的**微粒性**？

这就是原因所在（虽然你可以把这种微粒性与霍伊尔／多伊奇所描述的“时间片”联系起来）。但这个基本的时间单位不是零，意味着任何令人满意的引力的量子理论都会告诉我们，宇宙并非是在时间零点始于一个密度为无限的奇点，而是始于一种密度极高（密度不是无限的）的状态，那时，它的“年龄”为 10^{-43} 秒，为了纪念量子先驱马克斯·普朗克（Max Planck），这一时间被称为普朗克时间（Plunck time）。比 10^{-43} 秒更早的时间不会存在。事实证明，“制造”一个诞生于普朗克时间的宇宙是很容易的。聪明点的做法就是，让它从 10^{-43} 秒一直持续到 0.0001 秒。

令人惊讶的是，这种把宇宙看成是一种量子涨落的观点，几乎可以追溯到传统的大爆炸模型刚刚提出的时期，虽然 20 世纪 60 年代末，人们对这种观点嗤之以鼻，不予思考。这种观点直接源于量子物理学中的**不确定性关系**，我在第一章中就曾提到，这种不确定性关系告诉我们，存在着被称为**共轭变量**的**参数对**，这个参数对中的每一个参数都不可能同时具备确定值。记住，这并不是因为我们的测量设备有任何瑕疵，而是因为这就是我们世界运行方式的一个基本特征。在最重要的共轭对中，有一对是能量／时间共轭对。量子的不确定性意味着，一个像电子这样的物体拥有确定的能量是不可能的——到底这个物体携带了多少能量？总是存在不确定性。而且，量子的不确定性还告诉我们，空无一物的空间也不可能拥有一个确定的能量值，而零就是一个确定值。

这意味着，在空无一物的空间中，任何微小的体积内（事实上，这个微小的体积在我们看来也是非常大的）都会存在一点能量。假设这些粒子的寿命是非常短暂的，这些能量就能够以粒子的形式出现（正是在此处，方程中引入了时间）。光子不会将自己转变成一个**电子－正电子对**，然后电子和负电子再互相抵消，以形成一个新光子；实际上，假如在不确定性关系所设定的时间期限内，粒子可以互相抵消并消失于无形的话，那么，一个电子 – 正电子对就可以从无中生有。在量子不确定性所设定的时间期限内，其他种类的粒子和其他种类的能量形式能以同样的方式出现和消失。

根据量子物理学，在我们视为空无一物的空间中——真空——实际上充满了以这种方式产生的实体，这些实体的寿命都是非常短暂的。我们称之为**真空涨落**或**量子涨落**。而且，这些实体的存在不只是一种理论预测，在真正的带电粒子周围，如电子的周围，有必要存在着这些**“虚”粒子**云，以解释电力和磁力的测量强度。但与之相关的距离和时间是绝对微小的。在刚才所举的例子中，涨落仅仅能够持续大约 10^{-21} 秒的时间，而电子和正电子之间的距离绝不会超过 10^{-10} 厘米。所涉及的质量越大（这当然意味着能量越多），涨落能够存在的时间就越短。

这一点能够很好地适用于像光子、电子和正电子这样的实体。但 20 世纪 60 年代末，科学界肯定尚未准备好思考，整个宇宙有可能是一个真空涨落这种观点，此时，在纽约哥伦比亚大学的研讨会上，一位名为爱德华·特赖恩（Edward Tryon）的年轻研究者突然提出了这种假设——这种假设的提出，不光震惊了所有人，而且就连他自己也感到吃惊不已。当时，特赖恩刚刚完成粒子物理学方面的博士论文，他以一个初级会员的身份作为听众，出席了此次演讲，该演讲由来自英国的访问学者丹尼斯·西阿玛（Dennis Sciama）主持。在演讲暂停时，特赖恩的大脑中突然涌现了宇宙有可能是一个真空涨落的观点，而且，他马上就不假思索地将这种观点脱口而出。随之而来的嘲笑声使他立刻打消了头脑中的这种观点，并将这一事件从脑海中抹去，随后几年，他从未思考过这种观点。

但 20 世纪 70 年代初，该领域的一些新发展促使他再度认真思考这种观点。特赖恩一直坚持阅读宇宙学方面的资料。1971 年，他就职于纽约亨特学院，他在《自然》杂志上阅读了一篇评论文章，文中论述宇宙可能相当于一个大型的黑洞，而我们就生活在其中。[1]许多人都接受了这种观点，其中就包括安大略省滑铁卢大学的R. K. 帕斯瑞（R. K. Pathria）。1972年12月，R. K. 帕斯瑞在《自然》杂志上发表了一篇论文，将这种观点放入了一个合适的数学框架内，特赖恩也曾读过这篇文章。但使他回忆起这个事件的却是他的一个同事，这个同事也一直在阅读《自然》杂志，是他提醒特赖恩他曾在西阿玛的研讨会上提到过这种观点，这才使得特赖恩回忆起了这件事。

特赖恩知道，正如前文所言，引力的能量与质量的能量之间保持着平衡，正是由于这种平衡，使得一个黑洞的总能量为零。并且他说，他对于宇宙可能是一个量子涨落这种观点的最终描述，经人提醒"突然一瞬间"出现在他的眼前。所以，他推测他的潜意识已经不知不觉中研究这种观点三年时间了，只有在这种观点得到了充分的发展，并且不会引发更多嘲笑的时候，潜意识才会将它释放到意识中去。1973年12月，对这种观点最终的、完整的描述适时地出现在了《自然》杂志上。一时间引起人们的广泛关注，但很快人们对它的兴趣就减弱了，因为在最初的观点中，还有一个关键问题没有解决。

特赖恩提出，在比质子还要小但却包含了与我们的可见宇宙同样多的**质能**的尺度上，可以发生量子涨落，因为与涨落相联系的负引力能量（negative gravitational energy）可以抵消所有的质能。这种涨落所含的能量越多，其寿命就越短；相反，它所含的能量越少，寿命就越长。因为它会有零能量，量子规则会允许这样一个普遍的涨落永远持续下去！

几千年前，卢克莱修（Lucretius）说，"无物能由无中生。（Nothing

---

〔1〕 我的这篇文章发表于1971年8月13日。

can be created from nothing）”其言下之意是，宇宙不可能是由无到有产生的。现在，特赖恩说，事实上，宇宙就是“无”（nothing），从而改变了这句格言中第一个词的意义，“无”指的是宇宙的质能，通过其自身的负引力保持平衡，“无”确实可以从无中创生。但最大的问题在于它巨大的引力可以使如此大密度的“无”塌缩成一个奇点，而无视量子不确定性的规则。1973年，还没有人知道在一万分之一秒内，用何种方式可以使这样一粒宇宙的种子从量子尺度暴涨到核密度。但到了20世纪70年代末，一切都改变了。

让宇宙膨胀

20世纪60年代末，标准的大爆炸观点作为对宇宙的一种很好的描述，牢固地确立下来，但正是在此时，宇宙学家们开始为我在第二章中讨论的巧合感到担忧，其中包括以下事实，宇宙的密度接近于临界密度，但空间却近乎是非常平坦的；从大尺度上说，宇宙中物质的分布平滑得令人难以置信，但其中包含的不规则性的尺寸正好为诸如星系、恒星、行星和我们人类的形成留出了余地。根据大爆炸模型，在大爆炸发生的那一刻，这些属性已经给宇宙打下了深深烙印，那时，宇宙的年龄为十万分之一秒，宇宙各处的密度与今天原子核的密度相当。我们所看到的宇宙的确是起源于这么炙热的火球，随着证据的不断增加，“到底这些属性是如何烙印在宇宙中的？”寻找这一问题的答案变得更加迫在眉睫。当人们尚未确定是否真的有过大爆炸时，这些属性几乎是无关紧要的；但现在人们试图弄清楚，在更早些时候，当宇宙更为炙热、密度更高的时候，宇宙到底是什么样子的，其目的就是为了发现是什么在大爆炸中将宇宙设定为朝着现在这个方向发展。

要回答这个问题就得采纳**高能粒子物理学**的观点，就得运用以**高能粒子加速器**得出的实验结果为基础的理论。例如，这些实验和理论提出，像质子和中子这样的实体，实际上是由更小的被称为**夸克**的实体组成的，并且可以用一组数学公式来描述所有的自然力。结果表明，要想在大尺度上了解宇宙，首先必须在最小的尺度和高能量上，了解粒子和力（场）的行为方式。

如果想了解这一点，请参看下面的数据：20 世纪 30 年代，粒子加速器所能达到的能量相当于宇宙年龄为 3 分多钟时其内部的能量；20 世纪 50 年代，加速器所能达到的能量，相当于宇宙的年龄为几十亿分之一秒时，其内部各处自然分布的能量；20 世纪 80 年代末，粒子物理学家所探测到的能量，是宇宙年龄大约是 10^{-13} 秒的时候的能量；欧洲粒子物理研究所（CERN）在日内瓦附近建有一台新的大型强子对撞机（LHC），其设计目的是再现宇宙年龄只有 5×10^{-15} 秒（小数点后面是 14 个零和一个 5）时的状况。

此处，我们已经没有必要再继续探究所有细节了，但有一点非常关键，今天在宇宙中起作用的四种力之间的区别，在更高的能量状态下，会变得模糊不清。在一定的能量下，电磁力和弱力之间的区别会消失，它们合并成一种单一的**电弱力**；能量再高的话，电弱力和强力之间的区别会消失，从而形成一种力——**大统一力**；[1] 据推测，在更高的能量下，这些大统一力与引力之间的区别也会消失。

就早期的宇宙而言，更高的能量存在于宇宙的更早的时期。因此，有人提出，在普朗克时间，只存在一种超力，随着宇宙的膨胀与冷却，从这种超力中首先分裂出了引力，随后分裂出强力，然后是弱力。这是因为，20 世纪 70 年代，一位年轻的研究者发现，这种宇宙的冷却和力

[1] 描述这种力的理论称为大统一理论（Grand Unified Theories），或 GUTs。

的分裂可以与宇宙的急剧膨胀联系起来，开始时，宇宙中超密物质所占的体积远远小于一个质子的体积，在一瞬间，它的尺寸突然膨胀到柚子般大小。那个柚子般大小的东西就是我们所说的炙热的火球，其中包含了将会成为今天整个可视宇宙中的一切。我们把这一过程称为大爆炸。

这位年轻的研究者就是阿兰·古斯（Alan Guth），他是一位粒子理论家，当时（1979 年）就职于麻省理工学院，那时，他已经对宇宙大爆炸之谜产生了兴趣。他意识到，存在一种场，称为**纯量场**，它应该是原始的量子涨落的一部分，而且这种场将对极早期的宇宙行为产生深远的影响。碰巧的是，纯量场所产生的压力是负的。这似乎与“纯量”这两个字所代表的含义有矛盾。实际上，负压力指的是那种将物质拉扯到一起而不是将它们分开的力。一根拉长的松紧带会产生一种负压力，而我们通常称之为拉力。但与一个纯量场相联系的负压力可以非常大，而且确实有某种奇异的东西——**负引力**与它相关联，负引力使宇宙的膨胀速度加快（这与前文中所探讨的拉姆达场产生的效果相同，但负引力作用于更宏大的尺度上）。

古斯注意到，在极早期的宇宙中出现的一个纯量场，能够使宇宙中任何一部分的尺寸——在空间中选择的任何体积——在特有的**倍增时间**内，不断成倍增加。这种倍增被称为**指数式增长**。此时，古斯尚不知道爱因斯坦公式的一个最简单的解可以很自然地解释这种**指数式膨胀**，这个解使许多宇宙学家立即对古斯的观点产生了兴趣。这个解是一种宇宙模型，称为**德西特宇宙**，这个宇宙模型是以荷兰人威廉·德西特（Willem De Sitter）的名字命名的，他于 1917 年发现了爱因斯坦方程的这个解。

当古斯分析大统一理论的数据时，他发现，与纯量场相联系的、特有的倍增时间应该是大约 10^{-37} 秒。这意味着，在 10^{-37} 秒内，早期宇宙中任何一块区域的体积都会加倍，然后，在紧接着的 10^{-37} 秒内，它会再次加倍，并且它会再次在紧接着的 10^{-37} 秒内加倍，依次类推。经过三次倍增，宇宙中那块区域的体积将会是其原始大小的 8 倍，经过四次倍增后，它会是其原始大小的 16 倍，依次类推。经过 n 次倍增，它会是其原始大小的 2^n 倍。如此反复倍增，会产生一个戏剧性的结果。只需要 60 次倍增，就可以把空间中的一个比质子还小得多的区域，暴涨到一个柚子大小的体积，而每次倍增需要 10^{-37} 秒的时间，60 次倍增所需要的时间还不到 10^{-35} 秒。

如果我们够幸运的话，大型强子对撞机（LHC）将能探测到宇宙的年龄为 10^{-15} 秒时的能量。10^{-15} 和 10^{-35} 之间看上去似乎并没有多大差别，但那是因为我们只看到了 15 和 35 之间的差异，并认为它们之间“只不过”就相差 20；但实际上，它们相差了 10^{20}，这意味着在 10^{-15} 秒时，宇宙已经比它在 10^{-35} 秒时大了一千万亿倍以上。换句话说，实际上 10^{-15} 和 10^{-35} 之间的差异比 1 和 10^{-15} 之间的差异大 10^5 倍（10 万倍）。因此，在地球上，想要通过实验直接探测到这些能量根本是毫无希望的——宇宙本身就是检验我们理论的试验台。

以上论述都是以古斯的原始数字为基础的。某些有关宇宙暴涨的现代观点提出这一过程有可能是较慢的，而且花费了 10^{-32} 秒的时间才完成；但无论如何，古斯发现了一种方法，可以让一个微小的、密度超大的物质块，成为一个迅速膨胀的火球，[1] 即使是依据这个有关宇宙膨胀的较为保守的看法，宇宙的膨胀也会相当于在仅仅 10^{-32} 秒的时间内，把一个网球暴涨到我们现在可观测到的宇宙的大小。纯量场“衰减殆尽”时，这个过程就结束了，纯量场会用它的能量生成大爆炸火球中的热量和宇宙所有物质粒子的质能。特赖恩把宇宙看成是一种真空涨落；古斯发现

〔1〕 这种快速膨胀的速度似乎比光速还快。这是可以的，因为光速是一切事物在空间中穿梭的最快速度。在暴涨阶段，空间本身也在延伸。

了联系特赖恩的真空涨落的观点与传统的大爆炸的观点之间缺失的环节；纯量场的**反引力**克服了自身引力，自身引力似乎是特赖恩观点中的关键问题。但当时，古斯甚至还不知道特赖恩所做的工作。

一直以来，暴涨理论的吸引人之处在于，它解释了许多宇宙巧合。如第二章所述，在大约60次的倍增过程中，空间在不断向外进行大尺度延伸，从而将空间中的不规则性抚平，这就像将西梅干放入水中膨胀，西梅干的褶皱表皮就会变平一样。如果西梅干的尺寸倍增60次（想象一个大小约为我们太阳系1000倍的梅子），而你站在它的表面上，你只会说它的表面是完全平坦的，你甚至都无法察觉它的表面是微微弯曲的，这就如同很长一段时间以来，生活在地球表面上的人们认为地球的表面是平的。换句话说，暴涨迫使宇宙的密度极为接近临界密度。

这种平滑是有瑕疵的，因为在暴涨过程中，“普通”的量子涨落会产生微小的涟漪，随着暴涨的持续，这些微小的涟漪自身也会延伸。[1]所以，今天以星系的形式分布在宇宙中的物质，其分布状态只不过是零点后的第一瞬间所产生的一个量子涨落网的一个膨胀的版本。从统计学角度讲，天空中星系的样式确实与这种涨落预期会出现的样式相吻合，这一点强有力地证明了暴涨观点。在暴涨的框架内，许多其他的宇宙巧合也可以得到解释，因为如果我们的整个可见宇宙是从一个比质子还小的区域中暴涨而来的，就可能存在以相似的方式暴涨而成的其他的宇宙，但这些宇宙永远位于我们的视界之外。而且它们也不必都得以同样的方式暴涨而成——也许它们根本就不遵循与我们相同的物理定律。

这就引发了许多新观点，这些观点与玻尔兹曼的某些观点类似，同

〔1〕 俄罗斯宇宙学家斯拉瓦·马克翰维（Slava Mukhanov）首先想到了量子涨落在膨胀的宇宙中会延伸的观点。

时还让人联想到另一种观点——**恒稳态宇宙模型**，或许将这种观点扔进历史的垃圾堆是错误的。

回到恒稳态？

1980年，有人询问阿兰·古斯，“你有关暴涨的新观点是如何与恒稳态宇宙模型联系在一起的？”他的回答是：“恒稳态宇宙模型是什么？”然而，仅仅在20年之前，恒稳态宇宙模型曾被视为可以替代大爆炸模型。古斯回答完这个问题后又过了30年，情况已经发生了很大变化，知道恒稳态宇宙模型的人更少了，因此，在详述它与现代暴涨理论的关系之前，有必要回顾一下这一段历史。

20世纪40年代后期，虽然宇宙正在膨胀的观点已得到认可，但这种观点中还有一些问题没有解决。这种观点认为宇宙起源于时间上的一个确切的时刻，当时，我们周围所看到的一切都积聚在奇点（或其附近）。最大的问题是，当年，人们估算出的宇宙膨胀速度表明，宇宙的年龄只有几十亿岁，比最古老的恒星的年龄还要小。这显然是不可能的。还有人不断从哲学的角度反对宇宙有个开端（即时间开始的那一刻）的观点。在此背景下，英国剑桥大学的三位数学天文学家——赫尔曼·邦迪（Herman Bondi）、托马斯·高特（Thomas Gold）和弗雷德·霍伊尔——详尽阐述了如下观点：虽然宇宙在以稳定的速度膨胀，但宇宙可能是永恒的，其整体外观是不变的。

早期恒稳态宇宙观的精髓在于，随着星系团彼此间相互远离，会生成新的空间，与空间延伸相同的过程会在这些新生成的空间中生成新的氢原子，从而使宇宙中物质的密度始终保持不变。要想完成这项工作，每年在每100亿立方米的空间中，只需制造出一个氢原子即可，这个条件似乎并不过分。这些原子会形成云，再经过数十亿多年的时间，这些云就会凝聚，形成星系、恒星和物质世界中的一切。

20 世纪 50 年代，甚至在之后的一段时期，对于恒稳态宇宙观点的支持者们来说，以这种方式稳定地、持续地制造氢原子，要比宇宙中所有的物质都是在大爆炸中突然间一下子就出现的说法，更容易理解。如果他们是正确的，那么，在**宇宙时间**中的任何时刻，宇宙的整体外观将大致相同，例如，在任何特定体积的空间中，星系和星系团的数量是相同的，虽然在那个空间体积中，星系和星系团中的星系个体并不总是相同的。

这种对恒稳态宇宙模型的简单解释，与其他模型一样，是建立在哲学思考的基础上的，但它却是完全错误的。观测表明，当我们观察宇宙深处时，这就相当于在时间上看向更远的过去，[1]我们看到了比银河系附近的星系还要年轻的星系，而且它们之间的距离比今天的星系之间的距离近。另外，还有来自宇宙背景辐射的证据；毫无疑问，宇宙是从一个更炙热、更紧密的状态膨胀而来的。恒稳态宇宙模型提出后的几十年里，宇宙的年龄问题也解决了。测量技术改进后，测量出来的宇宙膨胀的速度让我们知道，大爆炸大约发生在 137 亿年前，同时，技术改进后，所估计的恒星的年龄告诉我们，最古老的恒星的年龄是 130 亿岁多一点。一切都能说得通。但恒稳态宇宙模型的简单解释并不是这一主题的定论。

特别是霍伊尔，他和同事贾扬·纳里卡（Jayant Narlikar）一起，发展了恒稳态宇宙模型。他们在广义相对论方程的背景下，提出了一个完全用数学计算出来的有关恒稳态的全面解释。其核心是一个称为 C– 场〔“C”代表了创造（creation）〕的概念，C– 场填补了宇宙，创造物质和

〔1〕 由于光速是有限的。

引发宇宙膨胀的压力。为了使这一观点与不断改进的观测结果相符，霍伊尔和纳里卡不得不放弃了在宇宙中的各处都在进行着稳定的、统一的物质创造过程的观点。但是最后，他们仍然把自己的解释称为恒稳态宇宙模型，在这样的宇宙中，物质的创造集中于我们已知的普朗克粒子中，在量子尺度上的一个微小的体积中，包含巨大的**物质能量**。这一体积是球形的，它有一个尽可能小的直径，被称为**普朗克长度**。**普朗克时间**是最小的时间间隔，同样，没有任何距离比普朗克长度还短；能够成长为我们宇宙的最小的种子，其大小本来应该是普朗克粒子的尺寸，**普朗克尺寸**，其直径等于普朗克长度。用整数表示，它是原子核尺寸的一万亿分之一的十亿分之一。然而，它包含了我们所看到的宇宙中所有的质能——但总体而言，一旦把引力考虑进去，其能量就为零。

根据该模型，在一个更大的（无限大的）元宇宙的框架内，在这些普朗克粒子中发生了**大爆发**，创造出许多不断膨胀的空间泡泡，其过程几乎完全与我刚才描述的暴涨环境下的过程相同。唯一的区别是，在C－场的版本中，普朗克粒子没有被具体确定为量子涨落。事实上，霍伊尔和纳里卡提出了一种有关宇宙大爆炸观点的新解释，而且如果年轻时期的霍伊尔知道，这是关于宇宙大爆炸观点的新解释的话，他自己都可能会大吃一惊。但是，因为他们是从恒稳态的角度思考这个问题的，所以他们没有看出方程企图告诉他们的真正含义。

20 世纪 60 年代和 70 年代，面对改良的观测证据，霍伊尔和纳里卡做出了许多努力，以维持恒稳态观点。对于大多数宇宙学家而言，他们的努力似乎有点任性和固执。但他们最终获得了一个模型，其中，一种场的能量使宇宙从一个非常紧密的状态突然迅速膨胀，随后，这种能量“衰减”为物质粒子。这将成为最基本的暴涨模型的一个准确的文字描述。在标准的暴涨模型中，引发暴涨的场往往用希腊字母 phi（Φ）表示；在霍伊尔－纳里卡的模型中，一种与它的属性完全相同的场是由字母C表示的。1994年12月，英国皇家天文学会在伦敦召开了一次会议。大会在探讨暴涨时，并没有提到霍伊尔的工作成果。我清楚地记得当时70多岁的霍伊尔非常恼火，这是可以理解的。他在会上作了演讲，表明暴涨理论方程，确实与描述恒稳态观点的最终版本的公式完全一样，只不过是字母“Φ”取代了字母“C”。“这，”他充满了讽刺地说，“是非常重要的。”

如果我们可以从中学到点什么的话，我们应该学到一个教训，即真理存在于公式中，对我们的想象帮助更大的，是我们对于很久之前所发生的事情的印象，而不是任何其他的事情。五百多年前，我们的祖先认为太阳绕着地球转，他们真是太天真了。半个世纪之前，宇宙学家把我们可见的宇宙泡泡看成是宇宙中的一切，但事实表明，他们像我们的祖先一样天真。无论是最初的大爆炸观点，还是最初的恒稳态观点，都是不正确的。到底宇宙是如何成为现在这个样子的？我们现在对它所做的最好描述，由这两种观点混合而成——在一个更大的恒稳态的背景下，发生了大爆炸。霍伊尔并不像他自己想象的那样正确，但却比他的对手所想象的正确多了。在探讨宇宙暴涨的现代观点时，他的观点确实值得一提。

但是，我们一直在称颂阿兰·古斯，他确实值得我们赞扬，因为是他在大爆炸的背景下，看到了暴涨对于揭开宇宙巧合之谜的力量。他甚至还想出了该如何称呼它，但是他不记得自己是怎么想到这个名字的——“我不记得自己曾经试图起个名字，”他说，“但我的日记显示，（1979年）12月底，我已开始把它称为暴涨。”

显然，暴涨的时代已经到来。除了霍伊尔和纳里卡已经过时的工作外，20世纪70年代末，莫斯科朗道理论物理研究所的阿列克谢·斯塔罗宾斯基（Alexei Starobinsky）提出了暴涨（现在的说法）的另一种解释。虽然他的模型和古斯的模型包含了相同的核心观点，但他的模型以引力的量子论为基础，比古斯的模型复杂得多。但当时正处于冷战时期，电子邮件和互联网还没有出现，苏联科学家很难与他们的西方同事交流，因此，斯塔罗宾斯基的工作成果当时只能在苏联国内传播。然而，古斯的观点一经传播，苏联的科学家就对其发展发挥了至关重要的作用。暴涨很快超越传统大爆炸模型的局限，得到了发展。20 世纪 80 年代，古斯最初的工作有了关键性的进展，那就是将暴涨理论拓展到了研究多宇宙，而非一个宇宙。实际上，这些宇宙都是时间之河中的泡泡。

| 时间之河中的泡泡 |

不出意料，爱德华·特赖恩（Edward Tryon）很快就使如下观点再度流行，即宇宙是暴涨环境下真空的一个量子涨落。20 世纪 80 年代初，任职于塔夫斯大学的亚历克斯·维连金（Alex Vilenkin）进一步详细阐述了这种观点。维连金出生于苏联的哈尔科夫（Kharkov），1971 年，毕业于哈尔科夫国立大学，但由于苏联当局认为他“不合作”，所以无法继续深造攻读博士学位。毕业后五年来，他以打各种零工为生（他告诉我，他最喜欢的零工是当动物园的守夜人），并利用业余时间学习物理。1976 年，苏联当局准许他移民美国。多亏了他之前所做的科学研究，第二年，他就获得了纽约州立大学的博士学位。维连金在逻辑上把量子涨落的观点发展到了极致。其他研究人员（如特赖恩）所说的“真空涨落”意味着，有一个真空（某种形式的时空）在涨落。但维连金试图用数学来描述空间、时间和物质实际上是从无中产生的。他的这种做法或许会成功，或许会失败。但到目前为止，对于暴涨最成功的解释并不需要走这种极端，因为空间、时间和物质都被设置在了一个永恒的元宇宙的范围内，而在这个永恒的元宇宙中，时间是没有开端的。

事实上，宇宙学家有关暴涨的各种不同解释，恰恰表明这种观点仍然处于发展阶段。虽然有关暴涨的某些证据是非常令人信服的，但却还没有一个唯一的、明确的暴涨模型可以解释所有观测到的宇宙的属性，我们只能在许多详细的暴涨模型中选择一个。正如古斯所言，这种观点从一开始就存在着许多问题，应该如何准确地解释暴涨是怎样开始的（是什么引发了暴涨）？暴涨将怎样结束（发生了什么事情，能使纯量场将自己的能量转化成物质）？就这一主题，我不想再深入探讨不同暴涨理论的细微差别了，但我会始终坚持从整体角度看待暴涨，而且我还会探讨**混沌暴涨**，这种理论是有关暴涨的最有吸引力的解释之一。

暴涨的早期解释需要解决**微调**问题。举一个最简单的例子，如果暴涨还没有完成使空间变平的任务就停止了，所产生的宇宙会有明显的弯曲，即空间会自己弯曲，而且这种宇宙会比我们看到的宇宙更为凹凸不平，这种宇宙中的物质含量会更高。这样的宇宙很可能不适合生命生存。暴涨的尺寸多种多样。那么，起源于暴涨的宇宙是怎样获得合适的属性，从而成为孕育我们这种生命形式的家园呢？在本书第二章中，我们探讨了所有宇宙巧合的解，事实上，对于微调问题的解与第二章中讨论的所有宇宙巧合的解是相同的——但现在，我们可以在一个合适的宇宙学背景下探讨这个问题，而不是仅仅诉诸对其他世界的哲学揣测。一定有许多种宇宙可供我们选择，像我们这样的生命形式的本质选择了我们周围所看到的宇宙。

一位生于莫斯科的宇宙学家，安德烈·林德（Andrei Linde）接受了这种观点，并在暴涨的背景下，发展了这种观点。与维连金不同，他在苏联完成了学业，并拿到了博士学位（1974 年授予），之后他仍然可以继续在苏联从事学术研究。20 世纪 80 年代末，他移居到美国，现任职于斯坦福大学；但他在莫斯科的列别捷夫研究所工作的时候，就详尽阐述了混沌膨胀的观点。20 世纪 80 年代早期，宾夕法尼亚大学的保罗·斯泰恩哈特（Paul Steinhardt）和安德里亚斯·阿布雷希斯（Andreas Albrecht）独立阐述了与林德有关暴涨的某些观点类似的观点。

林德意识到的关键问题是，要使普朗克尺寸的时空区域首先暴涨、然后以更为轻松的方式膨胀成我们现在的可见宇宙，不需要什么独一无二的东西，甚至不需要什么特别的东西。在一个更大的、也许是无限大的时空区域中，所有种类的纯量场都曾经发挥过作用，而且现在它们仍然在起作用，这个时空区域中可能存在其他普朗克尺寸的区域，甚至是有无限多个这样的区域。在量子尺度上，我们通常所说的“空无一物的空间”，实际上是众多量子涨落中冒出的一个泡沫，而且林德意识到，暴涨可以出现在任何一个量子涨落中。[1]某些普朗克粒子的膨胀次数是最少的，随后它们会再次坍缩，这种膨胀与坍缩的方式正好与批评特赖恩早期观点的批评家所假设的方式相同。其他的普朗克粒子可能会稍微暴涨一下，但是永远也不会暴涨到允许像恒星和人类这样有趣的事物形成的程度。其他的普朗克粒子可能膨胀得太快，致使物质散布得非常稀薄，永远也无法形成恒星和行星。最终的结果将会是所有的泡泡处于混沌的杂乱无章的状态，所有的泡泡都在以不同的速度在时空的不同区域中膨胀，此处混沌的意思就是我们日常生活中所使用的意义，它与数学混沌理论中所使用的术语不同。打个比方，如果把宇宙泡泡比作一个刚刚开瓶的香槟酒瓶中的泡泡——要想使这个比喻符合现实，这个瓶子得是无限大才行。

正是林德将这种宇宙学解释称为“混沌暴涨”。它可以非常自然地解释宇宙巧合，后来这种解释成为宇宙巧合的标准的人择解释。在元宇宙中，漂浮着无限阵列的可能的宇宙泡泡，从这些宇宙泡泡中，我们必然会为自己找到一个适合生命的泡泡，因为在那些不适合生命的宇宙泡

---

〔1〕 它甚至可以出现在我们自己宇宙的量子涨落中；但这并不能毁掉我们的存在，这一点我会在第七章中探讨。

泡中，不存在能够注意到这些泡泡中正在发生什么的生命形式。其他的宇宙泡泡可能不只是有不同的尺寸和膨胀速度，而且还可能有不同的值，如引力的强度值或核燃烧效率值，这要归功于普朗克粒子中纯量场相互作用的方式，以及**基本力**从彼此中分裂出来的方式。在不同的泡泡中，甚至连基本力的数量和基本粒子的性质都有可能是不同的。马克斯·泰格马克（Max Tegmark）将这称为**"第二层"多重宇宙**。

混沌暴涨还给我们带来了另一个意外收获。暴涨的最初解释（如特赖恩的解释认为宇宙起源于量子波，又如20世纪60年代和70年代的标准大爆炸模型）都存在一个问题：在宇宙诞生之时，奇点"之前"，或奇点附近到底发生了什么？混沌暴涨提出我们的宇宙诞生于一个量子涨落，这个量子涨落位于时空的某个永恒地区，而与之极为相似的过程在元宇宙的其他地方创造了其他的暴涨区域。在混沌暴涨的元宇宙中（就像霍伊尔和纳里卡的C-场宇宙观一样），时间没有起点，也没有终点。这意味着混沌暴涨可能会永远持续下去。遗憾的是，还有一种与之相关的观点，称为**"永恒暴涨"**（林德发明的另一个术语），但它与混沌暴涨却并非一回事。混沌暴涨已经告诉我们许多事情，除此之外，混沌暴涨还告诉我们，宇宙可能是如何诞生的；永恒暴涨也告诉了我们很多事情，除此之外，永恒暴涨还告诉我们宇宙可能如何灭亡，稍后我将探讨永恒暴涨。我在此处提及永恒暴涨的目的，只是为了避免它与**"永恒的"混沌暴涨**发生混淆。

虽然还有许多细节问题有待解决，但数学物理学家们乐于探讨、计算可以实现暴涨的各种纯量场的属性，这真是当前宇宙学中"最值得购买的商品"。现在古斯说，"我们还不知道有关暴涨的所有细节，但有证据表明暴涨的基本机制是正确的，而且这些证据是非常有说服力的"。

数学家们乐于争论某些遗留下来的细节问题，但对于外行来说，这些问题就像下面这个争论一样神秘：有多少天使可以在针尖上跳舞？然而，在另一个领域中，这种争论还引出了一种令人兴奋的观点，即在一个新的层次上，将暴涨与我们对于基础物理学的理解联系在一起，这就涉及了**弦**和**膜**这样的实体。从而使我们获得了另一种有关多重宇宙的观点，在下一章中，我将详细探讨这种观点。然而，在解释本章的探讨之前，我首先得阐明一个问题。近来，专家们一直在就这个问题进行激烈辩论——还记得那种存在一个宇宙大小的玻尔兹曼涨落的观点吗？如果仔细斟酌的话，这种观点是多么令人难以置信啊！像我们这样的宇宙怎么可能诞生于一粒正在暴涨的量子种子呢？是不是真的更有可能存在一个诞生时很简单但随着年龄的增长逐渐变得复杂的宇宙呢？存在以下这种涨落的可能性会不会更小一些呢？即这个涨落生成了另一个你，这个你单独坐在一个被永恒的混沌包围的房间之中。

| 永恒的暴涨和简单的开始 |

1983 年，永恒的暴涨这一观点突然浮现在了亚历克斯·维连金的脑海中。他意识到，一旦暴涨开始了，它就绝不可能停止——至少，所有地点的暴涨都停止是不可能的。**暴涨场**所能做的最自然的事情就是衰减为其他形式的能量，最后形成物质；但多亏了量子的不确定性，在暴涨空间的任何区域内，纯量场的力量将是不同的，因此，在这个区域内的某些罕见的地区，纯量场力量实际上会变得更强，而且暴涨的速度会增加。在这个区域内部，暴涨场所能做的最自然的事情就是衰减为其他形式的能量，最后形成物质；仍然是多亏了量子的不确定性，纯量场的力量也将是不同的，所以，在那个区域内的某些罕见的地区，纯量场的力量会变得更强，暴涨的速度也会增加。整个模式会像分形（fractal）一样无限地重复下去。

从统计意义上说，存在更多的地方，在那里暴涨已经停止并且发展出与我们自己的宇宙类似（或有别于我们的宇宙）的宇宙泡泡；但是由于暴涨会迅速生成许多空间，正在暴涨的区域所占的体积大大超过了泡泡所占的体积。纯量场的衰减可以产生没有暴涨的泡泡，而罕见的涨落会生成更多的暴涨。虽然这两者之间存在着竞争，但后者完全占主导地位。维连金打了个比方，这就好像是在培养细菌时，为细菌提供良好的食物供应，细菌就会猛增一样。细菌通过分裂繁殖，因此，它们的增长速度是非常独特的，总的来说，其特征为倍增时间——即指数增长，与暴涨类似。有些细菌会死亡，因为它们受到了捕食者的攻击。但如果受害的细菌数小于细菌总数的临界比，培养菌还会继续成指数增长。在暴涨的背景下，情况略有不同——从统计上说，不断暴涨的区域是很稀少的，但从它们在元宇宙中所占据的体积来说，它们却占据了统治地位。因为元宇宙中总是会有量子涨落，所以空间中总是会有一些区域在暴涨，而这些区域始终代表着空间的最大体积。

最初，维连金的同事对他的观点反应冷淡。虽然维连金在20世纪80年代和90年代就已经发表了这种观点，但他对这种观点的探求并不积极。安德烈·林德是少数几个认真思考这种观点的人之一，他在探讨自己有关混沌暴涨的观点的过程中，发展了维连金的观点。1986年，他就这一主题发表了一篇论文，并创造了永恒的暴涨这个词。1987年，他用“宇宙”（universe）这个词代替我一直使用的“元宇宙”（meta-universe），他写道：“宇宙无休止地再创造着自己，从整体上看，不存在‘时间的终止’……可以视整个（暴涨）过程为一个无限的创造和自我繁殖的连锁反应，它没有终止，可能也没有开端。”[1] 他把宇宙（即我们所

〔1〕 参见《万有引力三百年》（*300 Years of Gravitation*），主编：S. 哈金（S. Hawking）和 W. 伊斯雷尔（W. Israel），剑桥大学出版社，1987年，681页。

说的元宇宙）称为“永远存在的、混沌的、自我繁殖的、暴涨的宇宙”。虽然林德大力倡导这种观点，但这种观点仍然不受人们青睐。一直到了21世纪初期，在人们发现了暗能量和宇宙在加速膨胀的证据之后，永恒的暴涨才真正受到重视。

现在，所有的证据都表明，我们的宇宙很可能会继续以越来越快的速度永远膨胀下去。这个过程像极了制造出我们所生活的空间泡泡的暴涨的慢速版。最终——到底要花费多长时间无关紧要，因为我们所拥有的时间是永恒——所有的恒星都会灭亡，而宇宙中的一切物质不是衰变为辐射，就是被黑洞吞噬。即使是黑洞，也不会永远存在下去。多亏了量子过程，能量会以辐射的形式从黑洞中泄漏出去。能量的泄漏速度会不断加快，最终，它们会消失在一股伽马射线中。因此，我们宇宙的最终命运是，它将成为一个以指数膨胀的空间区域，其中充满了低密度的辐射。这正是德西特（de Sitter）所发现的爱因斯坦方程的解所描述的情形，我们称之为德西特空间。

德西特空间是培育暴涨的完美温床。在德西特空间内，被我们称为暗能量的微量的辐射和纯量场的量子涨落，将会生成少许稀有的普朗克尺度的区域，这些区域会急剧膨胀，成长为像我们这样的宇宙泡泡。正如维连金和林德20多年前告诉我们的那样，一旦你拥有了暴涨，你就拥有了永恒的暴涨。在一个混沌的元宇宙中，普遍存在的加速和与之相关的宇宙学常数的发现，不但把我们与永恒的暴涨的未来联系在一起，还把我们同它的过去联系在了一起。它表明，我们的宇宙诞生于德西特空间，而且还会以德西特空间的形式结束。这就像一次又一次地从头开始一样。如果计算正确，它还可以解决前文中提到的难题，即为什么小涨落更有可能暴涨成为复杂的宇宙，与之相比，涨落制造出独自坐在一个周围被混沌包围的房间中的人的可能性就小多了。

玻尔兹曼的大脑、时间之箭和因果补丁物理

即使在暴涨的背景下，在呈指数膨胀的德西特空间中，时间的热力学之箭仍然与我们自己的宇宙泡泡的存在相关，尽管更大的元宇宙本质上是无时间的。制造了宇宙的涨落仍然是远离平衡的涨落，而它们返回到平衡的方式使我们拥有了时间之箭。我们所生活的宇宙确实开始于低熵，而且它会以高熵终结。最终，在以指数膨胀的空间中，除了暗能量（这些暗能量是宇宙学参数形成的原因）以外，别无他物。其最终命运将与黑洞相反。黑洞是坍缩的最终状态，德西特空间是非坍缩的最终状态。用黑洞物理学的方程倒推，宇宙学家可以计算德西特空间的熵。事实证明，德西特空间的熵确实非常高——高到可能允许某物的熵像我们宇宙那样开始，并且拥有一个宇宙学常数。到目前为止，一切顺利。从热力学上讲，宇宙从其诞生的地点出发，正朝着正确的方向发展。这就使我们回到了那个让玻尔兹曼困惑不已的问题——宇宙是怎样从低熵状态诞生的？

在 21 世纪初的几年中，来自斯坦福大学和麻省理工学院[1]的一个研究团队提出，即使在暴涨背景下，绝大多数状态都可以演变成一个与我们的世界类似的世界，但是，这些状态都不是始于低熵状态；由此，他们把一只猫放在了宇宙的鸽子洞之间。这个难题表明，制造一个人并让他坐在房间中，或制造一个裸脑并使它拥有学习过大爆炸和宇宙历史的（虚假）记忆（而且它还拥有曾读过本书前文中的玻尔兹曼涨落的记忆，这种记忆同样也是虚假的[2]），要比制造一个宇宙本身容易得多。这就是

〔1〕 丽莎·戴森（Lisa Dyson），马修·克莱班（Matthew Kleban）和李奥纳特·苏士侃（Leonard Susskind）。

〔2〕 当然，实际上，如果你只是一个赤裸裸的大脑，你的记忆是真实的，但你所记得的事件却从未发生过。

已知的“玻尔兹曼的大脑”的悖论，因为这个裸脑看上去好像是最简单的，它可以存活足够长的时间以“了解”我们认为我们所了解的宇宙，可以解释为什么你认为你正坐在那里读这本书。

这一难题的基础，实际上是将合适的等式应用于那个制造出我们可见宇宙的时空区域。由于没有任何事物的速度可以超过光速，大爆炸后，光信号可以穿越那些相距足够近的时空区域，因此，只有在那些区域中的物体才能相互影响。在宇宙的同一块**补丁**中，一个物体可以引发另一个物体的变化，但在补丁之外，这个物体不会使任何事物发生变化。由于这个显而易见的原因，我们称这种时空区域为**因果补丁**。在因果补丁宇宙学中，只有具有因果关系的事件才具有物理意义。这就相当于把宇宙当作一个单一的、有限的系统，这个系统正朝着一个真正的平衡状态——德西特空间——演变，这就是斯坦福大学和麻省理工学院的研究小组所采用的方法。

但诸如混沌暴涨和永恒暴涨这样的观点，归根到底，就是认为超越我们泡泡的界限之外——超越宇宙视界，有一个更大的（也许是无限大的）时空区域。即使我们所做的事情绝不可能影响我们的泡泡之外所发生的事情，而且我们的泡泡之外所发生的事情也绝不可能影响我们，但是，事实证明，要想分析这种元宇宙存在的统计学含义也是有可能的。这相当于把宇宙看成是一个更大的系统的一个微小的组成部分，到目前为止，这个更大的系统已经在平衡中度过了它的大部分光阴。

这就使得我们的分析产生了关键的差异，即在更大的元宇宙中，涨落可以朝两个方向发展，朝低熵或更高的熵发展，熵上升与熵下降一样频繁。2004 年，安德里亚斯·阿布雷希斯（Andreas Albrecht）和洛伦佐·叟波（Lorenzo Sorbo）任职于加州大学戴维斯分校。经过适当的计算，他们不仅发现暴涨是最有可能发生的一种涨落——这种涨落发生的可能性甚至超过了制造了“标准”大爆炸的涨落发生的可能性——而且发现，产生一个标准大爆炸的涨落的可能性要比产生一个裸脑的涨落的可能性大得多。造成这种差别的最基本的一点在于，最终发展成为像我们这样的宇宙的涨落的小熵提供了一种**信用**，它允许元宇宙其余更多的部分处于平衡中。

阿布雷希斯和叟波把它与一个大盒子作了类比，这个大盒子里装满了均匀分布的辐射，平均起来这些辐射都是平衡的，但是，在这个大盒子中发生了**统计涨落**。想象这样一种情形，在盒子的一个角落里，将1立方厘米体积中的所有辐射缩小到1立方毫米的体积中。这就增加了盒子内那个立方毫米体积中的熵。现在想象一种类似的涨落，将2立方厘米体积中的所有辐射缩小到1立方毫米的体积中。在盒子的那个立方毫米的体积中，熵再一次增加了。在第二个例子中，尺寸为1立方毫米大小的区域的熵要比第一个例子中1立方毫米区域的熵大。因此，如果你只看盒子的局部，热力学会告诉你第二种情况更有可能发生。但是，如果你看看整个盒子，你将会发现在第一个例子中，盒子中有更多的区域是处于平衡中的，因此第一个涨落比第二个涨落更有可能发生，即使它所导致的状态会使盒子中局部的熵较小。对于盒子整体来说，这种状态的熵比第二个例子所能引发的状态的熵更高。数学已经证明，这种区别源于视角的不同，这就好像是应用因果补丁物理与观察超出我们宇宙视界的元宇宙的区别一样。

关键在于，只需要最小的体积，一个量子体积，暴涨就可以发生，因此，这就使得元宇宙的其余部分仍处于平衡中，处于高熵中。另外，那个量子还处于一种非常简单的状态。但是，在均匀的元宇宙中，要想制造像我们的宇宙这样的因果补丁，如果没有暴涨的帮忙，你就得需要一个像柚子那么大的涨落，这个涨落由难以想象的大量的量子空间构成，这些量子空间以非常复杂的方式排列在一起。但这种情况发生的可能性极小。

虽然超出我们的因果补丁之外的任何事物都无法影响我们，但是，我们之所以能够存在是因为我们的因果补丁之外所存在的一切，这种含义是非常令人惊讶的，但同时它也是非常耐人寻味的。宇宙是一个单一的、有限的系统，这种假设直接把我们引领到了玻尔兹曼的大脑的悖论，而宇宙是无限的元宇宙中的许多宇宙泡泡之一，这种假设使我们得出这样的结论：这些宇宙非常有可能存在。由于这两种假设，我们的存在这一事实好像就是我们并非居住在一个有限的、单一的宇宙的最好的证据。而处于我们的因果补丁之外的一切，正如维连金所强调的那样，包含了许多、许多我们自己的复制品。你并不是（简要地说）作为一个孤立的玻尔兹曼的大脑而存在的，元宇宙中包含了无限多个你大脑的复制品，还有无限多个其他人大脑的复制品，它们都舒适地待在活生生的躯体中。

到无限——并且超越无限！

在电影《玩具总动员》（*Toy Story*）中，有个名叫巴斯·光年（Buzz Lightyear）的人物，他有个口号“到无限——并且超越无限”。巴斯这个角色并不是个笨人，我们都知道一谈到无限，就再无“超越”可言了，这句话当然是编剧们开的一个小小的玩笑。但是他们或许开了自己一个玩笑。在亚历克斯·维连金看来，我们的宇宙是无限的，但确实存在一个“超越”，我们的宇宙只是其中的一小部分而已。这就向前迈了一大步，超出了把宇宙看作是位于一个无限大的元宇宙中的一个巨大的但有限的泡泡的观点，这种观点的形成源于广义相对论框架所允许的不同的观点（事实上，这些观点必须遵循广义相对论）。

我们的宇宙泡泡是巨大的，但它又是有限的，它位于一个无限的、永远膨胀的元宇宙中，这种观点相当于维连金所说的对宇宙的“整体的看法”。这种整体看法就是：在宇宙中，时间没有起点，也没有显而易见的方法可以使每个宇宙泡泡中的时间流逝与宇宙泡泡之外所发生的事情相符。在元宇宙中，时间的流逝通常都具有相同的整体外观，事实上，从热力学角度看，现在我们还并不清楚，时间的流逝到底意味着什么。但在每个宇宙泡泡中，任何聪明的观察者都会感觉到时间有一个明确的起点，这个时间起点与他们自己宇宙的大爆炸“起源”相对应。令人好奇的结果是，如果这些观察者从他们的宇宙泡泡内部看，每个宇宙泡泡在广度上似乎都是无限的。

维连金说，如果想不通过数学计算，就能了解这种情况，最好的方式就是设想你在计数星系。从整体上看，在一个不断膨胀的宇宙泡泡的边界附近，新的星系不断诞生，而且时间是无限的，这就意味着在每一个宇宙泡泡中一定存在着无限数量的星系。从内部看，宇宙泡泡中一定存在着同样多的星系，虽然对于一个观察者来说，要看到所有星系在技术上是不可能的。但从内部看——就是在一个137亿年的宇宙中，我们从地球上所看到的景色——所有这些星系都是同时存在的，而且大爆炸后，制造出这些星系所需要的时间是有限的。在有限的时间内形成无限数量的星系的唯一方式就是，让它发生在无限的空间中。因此，每个宇宙泡泡的尺寸，从居住在其中的居民的角度来看，都是无限的。这就是“内部无限”。

从整体上看，宇宙泡泡是有限的，但从某个宇宙泡泡内部看，它又是无限的，实际上，这种立足点的改变意味着从整体上看所得到的无限的时间，转变成了从泡泡内部看所得到的无限的空间。这种用空间换时间的交易取决于观察者的立足点。一百多年前，爱因斯坦用他的第一个相对理论，**特殊理论**，发现了这一规律。它是现代科学的一块基石，是物理学家们完全陌生的，但它给予我们的暗示却是非常值得我们认真对待的。

到目前为止，这个故事已经足够惊人了。但维连金和他的同事们走得更远，他们分析了这一规律对于任何特定的宇宙泡泡的暗示，其中就包括我们自己的宇宙泡泡。事实上，现在我们可以忽略我们宇宙之外的那些世界，仅仅考虑这一规律会给我们的宇宙带来什么暗示。

本章中展示的所有证据告诉我们，我们的宇宙是不断膨胀的空间中的一个无限大的泡泡——最重要的是，要从我们的角度来看。宇宙中任何一个观察者——如一个坐在天文台中的天文学家，这个天文台位于地球的一个山顶上——看到宇宙的最远距离，只能是大爆炸后光所能到达的最远距离。正如我们所见，虽然大爆炸发生在 137 亿年前，我们今天可以看到的最远的天体，实际上，距离我们却不只有 137 亿光年，而是超过 140 亿光年，这是因为光朝向我们开始它的旅程后，空间已经延伸了。维连金把任何特定的观察者都能看到的宇宙区域称作 O– 区（“O”的意思是“可观察到的”），而我们 O– 区的直径约为 800 亿光年。现在，我们宇宙的年龄为 137 亿岁，在宇宙时间的这一刻，在我们宇宙中的所有观察者都处于同样的情形。他们每个人都坐在一个直径为 800 亿光年的 O– 区的中心。由于宇宙是无限的，这意味着宇宙中有无数个 O– 区。也许你会认为他们彼此间都各不相同，但维连金却并不这么认为。

他举了一个例子，有一个人——也许这个人就是你——将椅子向后移动了一厘米。还可能会存在另一个 O– 区，它与我们的 O– 区在各方面都完全相同，但只有一个方面不同，即在这个 O– 区中，椅子并没有被移动；还可能存在另一个 O– 区，在这个 O– 区中，椅子移动了 0.9 厘米，而不是 1 厘米；还可能存在另一个椅子移动了 0.99 厘米的 O– 区，还可能存在另一个椅子移动了 0.999 厘米的 O– 区，等等。这看起来像是一个无穷序列，其中椅子的最后位置各不相同，而且这种不同有无限多的可能。但维连金指出，由于量子不确定性，你无法检测到椅子位置的差异——不仅仅是因为这些差异太小，以至于无法衡量，还因为这么小的距离没有真正意义。

这就意味着，椅子可能的位置数是有限的——虽然这个数字会大得令人难以置信，但它仍然是有限的。把这种推理运用到 O- 区中的一切事物，从亚原子粒子到**超星系团**，由于同样的原因，区分 O- 区的方法的数量也是有限的。这意味着，在一个无限的宇宙中，一定存在无限多的彼此完全相同的 O- 区。这一场景与玻尔兹曼大脑所展现的场景相反，玻尔兹曼大脑是一个单一的（暂时）漂浮在混沌中的大脑；而在这一场景中，在无限多的与我们的地球完全相同的地球上，有无限数量的你的复制品正在阅读着这本书的无限数量的复制品。正如维连金所说的那样，“应该有无限数量的区域，这些区域的历史与我们的历史完全相同”。

正如量子理论的多世界诠释所阐释的那样，还有大量的 O- 区，其中的事物与我们的 O- 区中的事物略有不同，而且还会有更多的 O- 区，其中的事物与我们的 O- 区中的事物大相径庭。维连金说：“让事物之间产生差异的方法，要比让它们彼此间完全相同的方法多得多。”但是，所有这一切的重点是，这种观点并不需要多世界诠释；所有这一切都发生在一个单一的无限宇宙中，这个宇宙是由三维的空间和一维时间构成的。当然，多世界诠释也可能适用，但正如维连金所说，他的宇宙观点是想让你知道“多世界存在于一个世界中”。

所有这一切都为哲学思辨的骨骼添加了数学的血肉，在一个无限的宇宙中，一切皆有可能——1975 年，俄罗斯的科学家和社会活动家安德烈亚斯·萨哈罗夫（Andreas Sakharov）在接受诺贝尔和平奖时，说：

> 在无限的空间中，必然存在许多文明，会存在比我们的社会更明智、更“成功”的社会。我支持如下宇宙学假说，即宇宙的发展

一直在重复，其基本特征已经重复了无数次。

永恒的暴涨将这些观点坚定地引入了物理学领域，使这些观点得到了升华，不再只是一种假设。永恒的暴涨确定了与我们自己的宇宙类似的宇宙是内部无限的，而暴涨过程中的量子涨落从普遍意义上确定了随机过程生成了所有可能的变化，例如，一个无限的宇宙，在这个无限的宇宙中充满了无限数量的与我们的银河系完全相同的复制品。剑桥大学的宇宙学家约翰·巴罗（John Barrow）强调了这种宇宙新见解的重要性。他说，永恒的暴涨：

> 在一系列非常广阔的可能世界中，几乎为各种宇宙结构提供了所有逻辑上可能的选择。
>
> 如果我们宇宙的尺寸是无限的，我们就不需要求助于那些纯哲学的概念，如存在于平行现实中的“其他的”宇宙这样的概念来理解所有可能的世界这种观点。刚刚探讨的这些例子，对于我们理解所有可能的世界这种观点来说是很重要的，因为它们展示了在我们的宇宙中，物理定律是如何生成无限的、在逻辑上可能的条件的。一个无限的宇宙包含足够的空间来容纳所有这些可能性。这就是保守的多重宇宙观。[1]

或者正如阿兰·古斯所说：“暴涨几乎将多重宇宙的观点强加给了我们。”

您可能认为这就是定论，寻找多重宇宙的过程已经结束。从某种意义上说，确实已经结束——为了证明（或要求）多重宇宙的观点，我

〔1〕《无限的书》（*The Infinite Book*），第197页；他标记的重点。

们所需要的只不过是我们周围所看到的这个宇宙的存在，和本章中所呈现的观点。但理论物理学家很少在他们需要知道的观点前裹足不前。正如巴罗所说，如果对于多重宇宙的探寻到此为止，那将是保守的多重宇宙观。革命性的多重宇宙观会接纳新观点，这些新观点甚至会超越那些多世界诠释的观点，这些观点以“粒子”物理学的发展为基础。“粒子”物理学的发展表明，即使我们的四维时空，也只不过是多维框架中的某种“局部”特征而已。根据这些猜测，弦就是我们想要之物，而且还有另一种方式可以引发暴涨，或类似暴涨的事情发生。

chapter

6

弦理论的多重宇宙

引力备受关注 / 两种方法加上第三种途径 / 紧致但完美地形成 /M 的魔力 / 重新审视令人难以置信的微弱引力 / 当世界碰撞时 / 依靠自身的力量 / 无底洞 / 有很多像家一样的地方 / 探索宇宙景观 / 薛定谔的猫归来

对物理世界的现代理解认为，我们应该把基本实体，如电子等，看作振动事物的环，即弦，而不是把它们看作微小的球体或数学中的点。有一种方式可以形象地描述弦，即它就像个微小的橡皮筋，以不同的方式振动着，正如在一根吉他弦上你可以弹奏出不同的音符。一个振动——也就是一个“音符”——对应着一个电子，而另一个振动可能对应着一个光子等等。同样的基本实体，一个单一的弦，会引发构成我们世界的各种粒子的出现，包括传递力的粒子，比如光子，以及我们认知的物质粒子。

这恰恰说明了弦理论的魅力所在。它把对所有粒子的描述与自然力有机结合在一起，这仿佛就是人们寻觅已久的万物之理。然而，弦理论并非以这种方式开始的。

20 世纪 60 年代末，任职于欧洲核子研究中心（CERN）的两位物理学家，加布里埃尔·维纳齐亚诺（Gabriel Veneziano）和铃木真彦（Mahiko Suzuki）用数学的方法描述了粒子（如欧洲核子研究中心所研究的光束中的粒子）以高能量相互碰撞时会发生什么事情。他们分别意识到，可以用一个被称为**欧拉 β 函数**的特殊数学表达式来描述该过程。当时，他们并不知道，对于一个很小的世界的物理性质而言，这个数学表达式具有什么深远的意义；它只不过是一个符合需求的、有用的数学运算，并且，19 世纪时这个表达式也被人们所了解。但这个消息传到美国后，在不同城市工作的两位年轻的物理学家都意识到，这个数学表达式似乎很好地描述了粒子碰撞时所发生的事情，即两个“弦”环彼此靠近、互相结合并振动了一段时间，继而相互分离，形成两个新的振动弦环。

这两位物理学家，其中一位是就职于芝加哥大学的南部阳一郎（Yoichiro Nambu）。另一位是就职于纽约的叶史瓦大学（Yeshiva University）的李奥纳特·苏士侃（Leonard Susskind）。苏士侃回忆，当时他根本没有致力于粒子物理学的研究，但已经认识到“精细而简单的数学运算”可以解决粒子物理学的问题。他把振动环称为“橡皮筋”，在那两天中，他认为自己是世界上唯一一个知道粒子碰撞如何运行的人。然而不久，他便听说南部阳一郎几乎在同一时间提出了完全相同的观点，[1]于是，他匆忙把自己的发现诉诸笔墨并将其出版，公之于世。其实，他不必如此枉费心机的急于出版。因为物理学界对于南部和苏士侃提出的早期弦理论几乎置若罔闻。在20世纪70年代，有一种观点特别流行，即“粒子”——如质子和中子等，实际上是由被称为夸克的基本实体的各种组合构成的，似乎并不需要弦。

粒子物理学的标准模型，其基础是把电子、夸克和其他实体看作点状粒子，然而，粒子物理学的标准模型中有一个令人尴尬的特征，如果粒子实际上是以数学中的点的形式存在的，而且其所占的空间大小为零的话（零维），这些理论就会被讨厌的无穷大所困扰。举个简单的例子，让我们想想电力的平方反比定律。两个带电粒子间的力与它们之间距离的平方成反比。如果一个带电粒子的体积为零，那么，作用在粒子自身的力（它的自我作用力）将是无穷大的：因为1除以零的平方是无穷

〔1〕后来，丹麦物理学家霍尔格伯克·尼尔森（Holger Nielsen）也提出了一个类似的观点，只是形式略有不同，但他并没有全面阐述该观点。

大。因而，诸如电子之类的实体就会发生爆炸。

对于涉及无穷大的理论，物理学家们常常深表怀疑；但是在其他方面，这个标准模型却非常成功，以至于他们要学着接受它。理论学家们寻找各种方式来回避无穷大，但由于无穷大的存在，他们仍然要冒险去思考这些令人不自在的事情。在量子场理论中，摆脱无穷大的一个标准方式，称作**重整化**，本质上说，就是指用一个无穷大除以另一个无穷大，以便它们互相抵消，而任何一个数学家都会告诉你这种实践方式是不可靠的。从一开始，**弦理论**最引人注目的特征之一就是它所涉及的实体的尺寸是有限的，因此，零和无穷大永远不会被计算在内。然而，与此同时，弦理论的早期版本同样存在瑕疵，也不适用于所有已知的粒子。于是，对万物之理的探索便聚焦在发展以夸克为基础的对世界的描述方法上，而弦理论则失去了活力，仅有几位数学家在研究它，较为突出的如普林斯顿的约翰·施瓦茨（John Schwarz）和伦敦的迈克尔·格林（Michael Green）。然而，人们意外地发现，弦理论可以描述引力，于是人们又开始重视该理论。[1]

引力备受关注

20世纪末，将引力囊括到万物之理中使理论物理学家找到了圣杯。所有其他的力和粒子都可以近乎圆满地包含在**大统一理论**中，而且大统一理论也体现了夸克观点，但使物理世界的数学描述也包含引力未免有些困难。其中的原因有两点。其一，引力是目前为止最弱小的基本作用

[1] 谈论弦“理论”而不是弦“模型”，这让我有点不太舒服。因为这些观点还没有通过实验检测。但正是由于它成功地“预见”了引力的存在，因而在许多物理学家心中，它已成为可敬的理论，所以我也同意这一常见用法。

力；其二，它具有一些特殊性能，涉及传递引力的粒子本性，即**引力子**——等同于**光子电磁引力**。

从数学角度来说，与光子相比，引力子之所以难以处理，是因为它们彼此相互作用。而光子与带电粒子（如电子）相互作用，把电力从一个带电粒子传递到另一个，但一个光子不会直接影响另一个光子。引力子把引力从一个物体传递到另一个物体，但一个引力子可以直接影响另一个引力子，这就使事情变得更加复杂。在20世纪70年代，理论学家们无畏艰难，试图找到一种描述引力子行为的方法，来完成他们对量子世界的描述。在量子场理论的大背景下，他们所探寻的，用专业术语来说，就是对无质量的、**自旋为2的玻色子**的数学描述。为了能够对自然界所有的粒子和所有的力做出一个完整的量子描述，他们必须这样做。

当许多理论学家与该问题作斗争时，几个弦理论学家取得了双突破。首先，他们对弦的基本含义进行重新定义，比南部和苏士侃提出的“橡皮筋”观点涵盖了更多较小的实体。事实上，这些新的弦环是如此之小，以至于它们的振动甚至能够解释潜伏在粒子（如质子和中子）里的所谓的基本实体——夸克的性能。这就意味着，弦理论可以重新创造夸克理论及其派生理论的所有成就，而不受讨厌的无穷大困扰。第二个突破就是其中的一个时刻，“唉，我为什么没有早点想到它呢？”

| 两种方法加上第三种途径 |

理论学家努力尝试重新定义弦理论，使它包含对“粒子”（如夸克）的描述。在此过程中，他们总是注意到公式描述了一种粒子，但这种粒子并不是他们所寻找的，而且这种粒子似乎还妨碍了他们的计算。理论学家试图用他们所了解的各种方法来摆脱它，但都失败了。看起来，如果他们想运用弦理论来描述他们感兴趣的粒子，就必须包括对另一种粒子——一种尤为复杂的粒子的描述。正如你所猜到的，它就是无质量的自旋为 2 的玻色子。弦理论主动地创造了一个对引力子的数学描述。20 世纪 80 年代中期，施瓦茨和格林取得了一个重大突破。他们提出了一个完整的弦理论。它不受无穷大和其他异常现象的困扰，是万物之理的一个真正候选者。该理论要求引力子存在这一事实，如约翰·施瓦茨所说，是一个“深奥的真理”。在其他量子场理论中，你首先得对所有其他事物进行描述，然后尝试加入引力；创建一个弦理论是不能缺少引力的。从那时起，人们开始重视弦理论。

从两个方面来看引力子，就可以理解连接弦理论和引力子之间的真理是多么的深奥。广义相对论和量子理论是 20 世纪物理学的两个伟大理论。万物之理的一个方面——的确，它是核心内容——就是它将不得不把这两种伟大的理论结合在一起，从而为引力提供了一种量子描述。爱因斯坦用弯曲的时空来描述引力，自此开始，不可避免地，你需要面对**引力辐射**——时空结构的波纹——的观点。继而，量子理论会告诉你这些波纹与一个粒子有关，即引力子，就像光波与光子紧密相连一样。20 世纪 60 年代，理查德·费曼做了一系列有关引力的讲座[1]。在这些讲座中，他清楚地阐明了一点，即如果你从基于无质量的、自旋为 2 的玻色子的量子场论着手研究，你会一直向上研究到广义相对论中。从量子世界开始研究，弦理论给我们带来了找到万物之理的希望，因为它给理论学家提供了从无质量的、自旋为 2 的玻色子开始研究的理由。

尽管如此，要想接近万物之理，我们还有第二种方式，即从广义相对论开始研究，努力达到（希望如此）相同的结论，这被称为**圈量子引力论**。在此，关于圈量子引力论，我不想再多加探讨，因为在探寻多

〔1〕 艾迪生·韦斯利出版社，读物，马萨诸塞州，1964。

重宇宙的过程中，它并没有什么用处，但有一点值得注意，那就是弦理论并不是唯一的、最好的选择——即使圈量子引力论的主要支持者之一李·施莫林（Lee Smolin）也已经承认："在可以被理解的语言中，不能再过分强调——**量子粒子**在时空背景中运行所对应的图解——弦理论是将引力与量子论及其他自然界的力有机统一的、唯一已知的方法。"

事实上，还存在第三种方式：一些勇敢的理论学家试图从**基本原理**中导出万物之理，他们雄心勃勃地预想，这将为理解相对论和量子物理学带来全新的方式。这是一个大胆的尝试，却不是我们此处所要探讨的内容。

从 20 世纪 80 年代起，更多的物理学家开始重视弦理论，他们必须要面对描述量子世界过程中的奇异之处。我们认知的是四维世界——三维空间加上一维时间。但在有关弦这一主题上的每一个变化中，只有当弦占据更多维度的世界时（总计至少 11 维——10 维空间加上 1 维时间），方程式才能成立。乍一看，这的确让人很震惊，但其实它并没有什么新奇之处。通过调动额外维度来统一自然界的力这一想法，要追溯到 20 世纪 20 年代，恰恰是在发现广义相对论之后，而且从那时起，便出现了一种可以隐藏不可见的、额外维度的标准方式。它被称作"**紧化**"。

紧致但完美地形成

在 20 世纪 20 年代，就在爱因斯坦提出广义相对论的时候，物理学家认为自然界中的力只有两种——引力和电磁。广义相对论非常成功，所以，一些人自然而然就会尝试将爱因斯坦解释引力的方法应用于电磁。哥尼斯堡大学的初级研究员西奥多·卡鲁扎（Theodor Kaluza），做过这种尝试并取得了巨大的成功。他的创新思想萌芽于 1919 年初，但直到 1921 年才正式发表；五年后，瑞典物理学家奥斯卡·克莱恩（Oskar Klein）对其加以完善，完整版本就是我们现在所熟知的“**卡鲁扎 – 克莱恩理论**”。

在 1919 年，没有人会去寻找描述电磁的新方法，因为 19 世纪已经存在一套完美的方程组——麦克斯韦方程组，它是以发现者苏格兰人詹姆斯·克拉克·麦克斯韦的名字命名的，它为我们提供了一套关于所有相互作用（包括电力、电磁）的完整描述。后来，考虑到量子效应，该方程组做了修改，进而创造出更为成功的**量子电动力学理论**，[1]但若在计算中忽略量子效应，在 1919 年便出现了一个由麦克斯韦提出的完美而“经典”的电磁理论，和一个由爱因斯坦提出的完美而“经典”的引力理论。卡鲁扎只是以数学家的方式，并结合新发现，对爱因斯坦的方程式做出了修改。爱因斯坦的方程式在扭曲的四维时空中描述引力。而卡鲁扎在五维中写下等价方程式，来观察它们会是什么样子的。在真相揭开的时刻，卡鲁扎发现它们看上去像是广义相对论的场方程加上另一套数学上等同于麦克斯韦方程组的场方程。

如果引力可以被描述为四维时空里的波纹，那么电磁就可以被描述为五维时空中的波纹。卡鲁扎一举将物理学界的两大经典理论统一在一个数学领域里。连爱因斯坦也为之震撼。他写信给卡鲁扎说：“我非常喜欢你的理论。”在与卡鲁扎讨论了一些细节之后，他把该思想推荐发表在柏林科学院论文集中。

即使有爱因斯坦的大力支持，最初的卡鲁扎 – 克莱恩理论却并不流行，原因有以下两点。第一，物理学家们开始发现更多的粒子和自然力，他们相互作用的方式比电磁的交互方式更为复杂，因此该理论不

〔1〕 克莱恩的成就在于他把量子论的一些要求包含在卡鲁扎模型中。由奥地利的埃尔温·薛定谔发现的对电子的数学描述，即众所周知的薛定谔方程式，被他在五维中重新撰写。

再是一个万物之理，而“仅仅”是一个有关引力和电磁的理论而已。第二，人们对该理论所需的空间额外维度感到困惑。这个神秘的第五维度在哪里呢？

事实上，这个问题有一个完美而直截了当的答案，但这个答案并不是许多物理学家在几十年里所追随的卡鲁扎观点。额外维度会卷缩得很小或者**紧化**，因此我们根本看不到。

我们通常拿吸管来打比方。如果你拿起一个普通的吸管，像用望远镜一样向里面看去，就会很容易地发现它是由一个二维的平板[1]环绕第三维形成的一个空心管。但如果你把同一个吸管放在地面上，然后从远处看它，你所看到的就是一条线，就像从远处所看到的一个一维物体。在“线”上的每一“点”都是一个小圆圈，它太小了，所以我们看不到。在原始的卡鲁扎－克莱恩理论中，每个空间的“点”都是一个小环，直径不超过 10^{-32} 厘米，朝着一个方向弯曲，既不是上－下、左－右，也不是前－后；它是空间的第四维度，或者是时空的第五维度。

20 世纪 20 年代初，可能只有数学物理学家才会接受这种观点。但随着更多的粒子和力被发现，对额外维度的需求也随之增加了。最终结果表明，为了描述所有的粒子和自然力，卡鲁扎－克莱恩理论的现代版本需要至少十一个维度——十维空间加一维时间。这就意味着在量子尺度中，至少七个空间维度必须要蜷缩或紧化，从而留下四个我们熟悉的维度作为事件在大规模尺度上发展的进程。几十年过去了，一些有数学倾向的物理学家在追随卡鲁扎－克莱恩理论时倍感困惑；但当弦理论也要求弦振动需要至少十一个维度时，事情发生了改观。紧化成为万物之理新候选者的一个主要组成部分，这一思想在 20 世纪 90 年代出现，并于 21 世纪早期得以发展。

---

〔1〕 我们忽略材料自身的厚度。

| M 的魔力 |

尽管弦理论很成功，但是它最让人担忧的一面，就是该理论没有独特的版本。的确，万物之理有很多关于弦方面的候选者。确切地讲，到 20 世纪 90 年代为止，理论学家已经提出了五个不同的弦理论版本，其中的每一个都具有数学意义，看起来都像万物之理合适的候选者，都包括六个紧化维度加上我们所熟悉的四维时空。此外，还存在一个**第六理论**，被称为**超引力**，它也需要十一个维度。但值得高兴的是，我们可以证明这些是唯一可行的弦模型——可能还有其他有关弦的数学表达式，但它们都会受到无穷大和重整化问题的困扰。

但这只是一个小小的安慰。过多的弦理论与过少的弦理论一样令人为难。正如约翰 · 巴罗所说："你等了近一个世纪，期待着一个万物之理的到来，突然间，五个一起来临了。"最理想的情况就是其中一个候选者会比其他几个更为出色。但在 1995 年，爱德华 · 威腾（Ed Written）于普林斯顿得出了相反的结论。他说，这些理论（包括十一维超引力）不分伯仲，因为他们都是相同事物的一部分。他展示了将六个模型中的一个转化为另一个的方法，这就意味着他们都是某个基本理论的不同方面，而这个基本理论就是真正的万物之理。这就好比电力和磁力看起来像两个独立的力，但实际上，他们都是电磁的不同方面。我们再换一种方式来看这个问题。设想在航海时代，五个不同的欧洲探险队分别发现了阿拉斯加、佛罗里达、巴拿马、巴西和火地岛，当时欧洲的每个人都认为它们是五个独立的岛屿，并没有意识到它们都是一块大陆的一部分。

除此之外，这一发现，即所有这些模型都是一个基本理论的不同方面，意味着弦模型，就像超引力一样，事实上需要十维空间加上一维时间。但这次，"额外"维度——第十一维度——可能不会被紧化。它可能非常大，但却位于一个空间维度中（不要与时间维度混淆），并与其他熟悉的空间维度成直角。如果我们把整个宇宙描绘成一个铺在桌子上的二维平板纸，那么这个额外维度会与纸张表面成直角，并在第三维中向上延伸。

这一切对弦理论产生了深远的影响。我们要从振动片或振动膜（就像鼓皮一样）的角度来思考，而不是从振动弦的角度考虑。膜，严格地说，是一个二维的片。在数学语言中，一个点是0-膜，一条线（或一个弦）是1-膜，一个片是2-膜，尽管他们都难以想象，在高维中，却有一些相同的结构，被称为3-膜，4-膜等等。他们一般作为“*p*-**膜**”被提及，其中的*p*可以是任何数字。威腾把整套的想法称为“M-**理论**”，但从未提及“M”代表什么，许多人乐于把它看做是“膜”的缩写。

正是因为紧化——一种特别简单的紧化，使膜看起来很像弦。我们现在应该想到的是一条有限宽度的缎带（事实上，就像一条用弹性材料做的橡皮筋），而不是一根由单维线状物组成的弦。如果橡皮筋的宽度所对应的维度收缩直至太小而看不见了，那么带状物看起来就会像一根弦，即使它仍然是一条真正的缎带。

M-理论是万物之理的最佳候选者。在许多方面，它为探寻多重宇宙提供了新的见解。其中最为突出的一点就是它描述了一幅画面——整个宇宙就好比一张铺在桌子上的二维平板纸，额外维度与纸张表面成直角，在第三维中向上延伸。毫无疑问，在第一张纸的上面不会有另一张纸，在另外一张纸的上面也是如此——或者大量的三维宇宙在第十一维度中彼此分离。有一种观点认为大量的**泡泡宇宙**因三维空间的广阔距离而彼此分开，与此相对的另一种观点则认为“**相邻的宇宙**”因第十一维度中的微小距离而与我们分离。我一会儿再来谈这个问题。但M-理论也暗示了不同的宇宙大爆炸将如何按时间顺序接踵而至，而一个宇宙的诞生，正如凤凰涅槃般，从前世的废墟中重生。令人难以置信的微弱的引力以及无穷大的弦的存在是M-理论必须要应对的问题。

重新审视令人难以置信的微弱引力

与自然界的其他力相比，你很难理解引力到底有多么微弱。这一点很重要，那么在看“凤凰宇宙”[1]概念之前，我们有必要从略有不同的角度重新审视第二章所提到的一些观点。我们习惯于把引力看作日常生活中的一种强作用力，它使我们待在地球表面并使我们有了体重。但这需要花费整个地球全部质量所产生的引力，才能使你待在地表，或者，如艾萨克·牛顿所发现的，才能使苹果从树上落下来。即使一个小孩子也可以摘下一个苹果放在地上，手臂的肌肉力量也就战胜了地球的引力。肌肉的力从本质上来说就是电磁力的一个方面，它大大强于引力。

在日常生活中，我们并没有意识到引力有多么微弱，因为它有两个重要的特性。首先，它是远程的——一个物体拖拽另一个物体的引力逐渐减少，减少的量与两个物体间距离的平方成反比（平方反比定律），尽管它很微弱，但却无限地延伸。因此，地球使我们待在其表面，太阳使行星沿着轨道围绕着它转动，而太阳受银河系所有物质的引力影响，沿着银河中心在其轨道中运行。其次，正如这些例子所强调的，引力只有一种，而且物质越多，引力越大。电力，像磁力一样，分为两种——正电荷和负电荷，北极点和南极点——他们彼此可以互相抵消。因此，比如，尽管你的体内有大量的负电荷（以电子的形式存在）和大量的正电荷（以质子的形式存在），但从电力学方面来说，

〔1〕 如前文所述宇宙如凤凰涅槃般，诞生于前一个宇宙的废墟中——译注

你的体内并没有电荷，你也不会被身边的人吸引或排斥。[1]另外两个力——粒子交互中的强、弱力，都是近程的，不会直接影响规模大于原子核的任何事物。

为了弄清楚引力到底有多么微弱，我们必须在同类事物中作比较，而且要考虑原子核中的粒子通过四个不同的力而相互影响的强烈程度。如果强作用力的强度被定义为1，那么在相同单位中电磁的强度就是1/137，大约为10^{-2}，而弱作用力的强度则为10^{-13}，或是强作用力强度的十万亿分之一。但引力的强度仅为10^{-38}。即使是目前为止最弱的力，也为10^{25}，或是引力强度的10 000 000 000万亿倍。原因也许在于弦与膜连接的方式（或者并没有与膜连接）。

一位数学家提出了另一种观点，但最初他研究这些方程式只是出于好玩。他就是工作在加利福尼亚大学圣芭芭拉分校的乔·普金斯基（Joe Polchinski）。在20世纪90年代中期，他对无限制的弦很感兴趣。尽管最初的橡皮筋观点认为弦是环状的，但弦理论也允许另一种弦的存在，即有末端的弦，乍一看，弦末端所发生的事物也并不明显。普金斯基认为弦的末端可能附着在一个表面上，但它可以在该表面上自由滑动。这个表面可能是一种膜，[2]如果这个膜有三个维度，那么附着在其表面的振动弦的数学运算就可以用来描述“粒子”的特性——尤其是传递自然力的粒子。当然，数学家所提到的“在三维膜上”滑动，就等同于我们所理解的“在三维空间里”移动。

起初，这只不过是出于好奇。但在威腾提出M-理论后，它很快被众人接受。该理论认为我们的可见宇宙可能是漂浮在高维中的3-膜

[1] 有时，你可以在自己的身体里建立一个小电荷，比如，在干燥的天气里穿着不同种类的鞋子在尼龙地毯上走动。当你碰到一些金属物体时，例如门把手，过量的电流便会释放出来，而你则会感觉到明显的电击。

[2] 普金斯基把它们称为D-膜，以此来纪念19世纪的数学家彼得·狄利克雷（Peter Dirichlet），因为他研究出波纹从表面反弹的方式。

（3–brane），伴随着粒子（如光子和电子），弦与膜连接，并在其表面（或内部）滑行。数学运算描述了粒子交互的方式——例如，在1994年普金斯基展示了D–膜可能是电和磁场的来源。但是也存在例外。引力子仅仅以弦环的方式存在，而且无法与膜连接。若使它们与附着在膜上的粒子相互作用，唯一的方法就是使引力子从一个物体中移出，进入空间的额外维度，然后移回，进入3–膜中，与另一个物体相遇。但一些引力子可能无法返回。引力会因此而从膜中泄漏，引力的强度也随之减弱。

如果允许引力子飞行的额外维度是无穷大的，引力可能会完全泄漏，继而导致宇宙中的万物都不能凝聚在一起。但如果适当的额外维度以最简单的方式紧致——仅仅是被缩小而已，那么就会有一部分有限的可用空间与我们熟悉的三个空间维度成直角，而引力子也就不会走远。如果额外维度过小，那将很难辨别引力子是否真正离开了3–膜，而引力的强度将会恰到好处地解释它与世界上其他自然力的关系。为什么要用这个特殊的方式把它紧化呢？因为紧化空间的方式有很多，正如我将稍后讨论的，但这些方式所产生的引力或者太弱或者太强，都不能允许恒星、行星和人类的存在。如第二章中所讨论的，只有自然界的各种力彼此平衡，我们才能够存活于这个宇宙中来意识到这一切。

此外，还有一个额外的收获。如果引力子能从我们的宇宙中泄漏出去，那么它们也能漏进来——因此，在大型强子对撞机中有可能被探测到的其他有趣的粒子也能漏进来，但这是另一回事了。许多**三维膜世界**能够并排地出现在高维空间，正如我书桌上的一摞纸。在第十一维度中，相邻的宇宙可能微观上离我们很近，近得足以让一些引力子漏入我们的宇宙并影响事物变化的方式。这种影响就如同我们的宇宙包含着看不见的暗物质，正拖拽着可见的恒星和星系。而暗物质就是宇宙学标准模型中的基本要素之一。这一基本要素就是宇宙大爆炸——而膜也可以对此做出解释。

丨 当世界碰撞时 丨

膜在高维空间中漂浮，正如一个二维的膜或片在三维空间中移动。在高维中，膜（整个宇宙）并不像一摞纸一样被堆放在一起，它正如三维空间中的实物，可以移动并彼此碰撞，或者相互围绕着按轨道运行，就像月球围绕着地球运行，或行星围绕着太阳运行一样。与静置在书桌上的一摞纸相比，更好的比喻应该是同样一摞纸在狂风中被吹得四处乱飞的凌乱景象。尽管我们不能直接探测到空间的额外维度，但一些场确实存在，它们会受高维空间的几何体和临近最近膜的影响。终有一日，我们会探测到这一切。同时，物理学家一直在寻找这些场驱动暴涨的方式。

把两个膜推到一起需要耗费能量，正如把两个正电荷的原子核推到一起也需要耗费能量一样。但如果这些膜在高速中一起粉碎，那么它们的动能就会转化为其他形式，就像一个很重的原子核被高速运行的粒子撞击后发生裂变释放出核能一样。在20世纪90年代末，纽约大学的德瓦利（Georgi Dvali）和康奈尔大学的戴自海（Henry Tye）提出，在膜之间的正面相撞中，部分动能会转化为引发暴涨所需的能量。最终的结果表明该能量太少，并不能达到理想的效果，但探索并没有就此结束。

2001年，一大群研究员在思考另一种从膜碰撞中获取能量的方式时，取得了一个突破性的进展。正如与物质粒子和反物质粒子湮灭时释放的能量相比，原子能便显得无足轻重了——根据爱因斯坦的著名公式，在这样的碰撞中，所有的质量都转化为能量——因此，他们推断，如果一个膜遇到一个**反膜**并湮灭，所释放的能量会远远超出普通的膜－膜碰撞而产生的能量。公式允许膜和反膜的存在，就像电子被它的反物质对映体——正电子所吸引，膜也被反膜所吸引，以确保当它们彼此靠近时，确实会碰撞并湮灭。

这看起来似乎并没有太大的用处，因为不会有什么东西留下来以供暴涨。但在膜－反膜湮灭中释放了大量的能量，以至于有一些会溢出，进入到附近的膜中，从而为暴涨提供充裕的能量。这是一个额外的收获。这个湮灭的过程自然会产生各种各样的维度相对较少的宇宙，就像我们的宇宙一样。比如，如果7－膜与它的对映体湮灭，实际上它们并没有一次性完全转化为能量。在此过程中，大量的能量被释放出来，同时产生以5－膜和它的反膜形式出现的碎片。这些碎片依次毁灭，留下以3－膜及其反膜的形式存在的痕迹。3－膜毁灭转变成1－膜，而只有当1－膜毁灭时，一切才会全部转化为能量。巨大的膜（即具有多个维度的膜），就像我们的宇宙，在高维空间中分布得更为稀疏，并且可以在被破坏之前停留很长时间。这是一个貌似真实的理由去解释为什么我们所居住的三维宇宙是如此的普通。

另一方面，这种观点还存在某些不尽如人意之处，因为它似乎暗示了多重宇宙是一次性从早期少量的**高维宇宙**到后来大量的**低维宇宙**演化而来的。这与独一无二的宇宙大爆炸的观点一样令人不安，因为宇宙大爆炸碰巧创造了适合生命存在的条件。如果我们能去除公式中的时间，这个观点将会更为令人满意。有一种方式可以做到这一点，该方式与前一章所描述的无穷大的德西特宇宙中的永恒暴涨相呼应，但是这种方式中并没有暴涨。

| 依靠自身的力量 |

这种观点的主要倡导者是普林斯顿大学的保罗·斯泰恩哈特（Paul Steinhardt）和剑桥大学的图罗克（Neil Turok），但图罗克现在就职于安大略省的周界研究所（the Perimeter Institute）。在1999年，他们都参加了剑桥召开的一次学术会议。会上，宾夕法尼亚大学的伯特·欧鲁特（Burt Ovrut）发表了演讲。他概述了一种观点，即三维膜世界沿着第十一维度（如果你接受M-理论的话）移动，并被一些微小的实体所分离，这些微小的实体恰恰处于与三维空间成直角的方向上。当时，斯泰恩哈特和图罗克都没有注意到德瓦利和戴自海有关膜碰撞的早期研究成果。他们起初坐在会议室的两侧，但在座谈之后，便聚在欧鲁特的周围，彼此都持有相同的看法。现在他们也记不清楚是谁最先提出的这个想法，但都清晰地记得他们中的一个人脱口而出，“这些世界能够沿着额外维度向前移动吗？如果是这样的话，莫非大爆炸只不过是这两个世界间的一次碰撞？”这在他们的著作《无尽宇宙》（*Endless Universe*）中有过描述，一个长期而颇有成就的合作就这样开始了。

这项工作仍在进行之中，但到目前为止，这一探索过程在循环宇宙的观点上产生了有趣的变化。因为模型是循环的，我们可以从该循环中任何一处开始描述它，因此我也可以从引发宇宙大爆炸的事件开始描述。根据斯泰恩哈特和图罗克的观点，当两个光滑、平坦又空旷的3-膜聚在一起并碰撞时，宇宙大爆炸就会发生。每个膜可能就像我们的宇宙一样，是一个完整的三维宇宙，还有六个额外紧化维度和时间维度，它最初因第十一维度中的微小距离而彼此分离。最初，它们沿着第十一维度慢慢移动，继而被一股弹簧状的力拽在一起，当它们彼此靠近时，便开始加速，最终它们伴随着巨大的冲击力而相互碰撞，使两个世界都达到极端温度。尽管如此，至关重要的是，这个模型并不需要足够大的能量输入来引发暴涨。相反，温度“仅仅”为1020开尔文，温度之高足以能够解释我们世界中的粒子是如何从辐射能中制造出来的，以及炙热的火球是如何冷却下来从而产生原子和背景辐射的。非但不是无穷大，所涉及的能量还要远远低于在普朗克尺度上与事件有关的能量，因此，在早期的宇宙模型中并没有涉及奇点。

针对成长为星系的不规则现象如何开始的问题，斯泰恩哈特和图罗克也给出了简明扼要的解释。正如在暴涨模型中一样，这要视量子涨落的情况而定。正是因为量子涨落，时空不可能保持完全的平坦和空旷，而在量子尺度上，两个相撞的膜也会随机不可避免地卷曲。因而，两个膜不会同时准确无误地结合在一起。它们会在十一维中突出的部分首先碰撞，这些区域也将会最早变热。两个膜碰撞之后，便反弹分离，但在每一个膜中，尽管处处温度都很高，但某些区域的温度会比其他区域的温度略高一些。整个碰撞和反弹的过程可能会长达几十亿年之久，而不像暴涨瞬间便从平坦的时空中制造出宇宙，但因为两者中造成这些不规则性的根本原因都是量子涨落，所以在膜碰撞模型中最终产生的不规则模型与暴涨产生的模型是完全相同的——这就意味着它与卫星的微波检测器，如威尔金森微波各向异性探测器（WMAP），[1]观测到的模型是完全相同的。这个模型可能与每个宇宙上的模型都相同，因为热点是他们最早彼此接触到的点。因此一个宇宙的物质团会与相邻宇宙的物质团相匹配。当膜移动分离时，由于弹簧状力量的存在，他们彼此之间距离很近，近得足以对彼此发挥强大的引力作用，就像自由飞翔的引力子缩短了距离一般。在这幅画面中，暗物质是相邻宇宙中的物质，而相邻宇宙与我们之间的距离要比跨越一个原子的距离近得多。

因此，碰撞和反弹的膜可以从大爆炸中产生一个宇宙，该宇宙与我们自己的宇宙真的是难以区别。将两个膜连在一起的弹簧状力量与暗能量有关，因此，与暴涨理论不同的是，**反弹模型**[2]需要（不仅仅是允许）

---

〔1〕 膜之间从未相互碰撞，但靠近后又彼此排斥的观点有很多完善和改进的版本，但最终的结论都是相同的。

〔2〕 斯泰恩哈特和图罗克把它叫做“ekpyrotic”模型，该词为希腊语，意为大火。我讨厌这个术语，而且将尽量避免使用它。

暗能量存在于我们的宇宙中。正如早期在暗能量模型描述的那样，我们生活在宇宙的一个有趣的阶段，此时暗能量正在开始称霸扩张。久而久之，宇宙将扩张得越来越快，而物质将蔓延得越发稀疏，直到时空变得完全平坦（除了量子涨落外）、完全空旷，在与今天整个可见宇宙的尺度相同的空间中，甚至没有一个电子。它将变成一个不断扩大的德西特空间。

同时，另一个膜世界，在碰撞中反弹离开了我们的世界，也正以相同的方式经历着它自身的扩张和稀释过程。但尽管两个世界沿着第十一维度移动分离，但它们仍被弹性力量拽在一起，最终又彼此靠拢。这个过程需要很长时间——斯泰恩哈特和图罗克认为需要“数万亿”年的时间，其中一万亿即一百万的一百万倍，或 10^{12}。即“仅仅”比自宇宙大爆炸至今所流逝的时间长一百倍，它一旦开始，便显示出失控的、按指数膨胀的能量。最终，膜彼此聚集在一起，然后整个过程再次重复。像凤凰一样，一个新的宇宙（或是两个）是从旧宇宙的废墟中诞生的。宇宙似乎是自己（重新）创造了自己，依靠自己而存在，并提供了一个宇宙的无限循环，其中自然常量在每一次的循环中都有所不同，因此，我们仅仅居住在一个适合生存的特殊的泡泡中。但推动每一次宇宙大爆炸的能量来自哪里呢？这一切与我们关于熵的观点又如何保持一致呢？所有的一切都再次归结于引力。

无底洞

每当两个膜结合在一起时，一些运动的动能就会沿着第十一维度转化为辐射和物质。归根结底，这种能量来源于两个膜之间的引力，引力帮助弹性力量将它们结合在一起。日常经验告诉我们，如果是那样的话，两个膜之间反弹的强度会在多次反复后逐渐减少，正如一个球从高空掉到一个坚硬的表面，它每一次碰到地面，反弹的强度也随之变得越来越小。似乎两个膜之间间隔距离的最大值也同样会在每一次的反复中变得越来越小。但这并没有考虑到引力的负性。

引力不仅仅是负性的——它还是个无底洞。负性的数量是没有限度的，因此能量最低能下降到何种程度也是没有限度的。这与温度截然不同。事物有多冷是有一个限度的。因为我们选择设置零度为冰点，最低温度则以负数形式出现，−273.15℃。但我们可以选择温标中任何一点作为我们的零，在开氏温标中，最低温度被设置为零（0K），因而所有温度都是正数，而冰在 +273.15 K 融化。对于引力，你却不能这么做，因为你没有一个最低的引力能量点来测量。鉴于此，我们甚至也不可能辨别出每个反弹中的能量是否少于上一次的反弹能量。大体上，在两个膜的最接近点，只有温度、物质密度和暴涨率可以被检测出来。斯泰恩哈特和图罗克的计算表明，这些特性从一个反弹到下一个反弹都精确地重复着。这个过程确实是循环的。

这个模型同样解决了出现在反弹模型中的熵的问题，它涉及宇宙扩张的逆转。在凤凰模型[1]的三维空间中，扩张从未逆转，因而这些问题并没有出现。也不存在“宇宙大坍缩论”。该理论认为，物质是集中的，在循环中早期建立的熵会阻止反弹成为先前宇宙大爆炸的镜像。在凤凰模型中，当宇宙扩张远离每一次的大爆炸时，熵按照平时的方式增加，但空间的极限拉伸与暗能量相结合，产生了大量熵的额外空间，从而使熵的密度保持在较低水平。即使当两个膜沿着第十一维结合，并与旧循环模型中的收缩阶段等值时，三维空间仍然在扩张。它的扩张从未停止过。直到碰撞发生，并且更多的物质和辐射能被倾倒在宇宙中时，熵的

[1] 即宇宙自我重生的模型，下同——译注

密度就变得微乎其微，而整个过程又会重复。无限的负性引力和无限的扩张空间为无限而连续的大爆炸提供了背景。这个模型适时地给我们提供了无限而多样的宇宙——宇宙大爆炸所产生的任何事物，而非无限而多样的跨越空间的宇宙。斯泰恩哈特和图罗克强调，就空间而言，每一个循环，都是相同的事物，但又存在些许的变化。

有很多像家一样的地方

尽管在很多方面，凤凰模型创造的宇宙与暴涨产生的宇宙没有什么区别，但两个观点还是存在一些差异的，其中之一可能会辨别出我们住在哪种宇宙之中。从概念上来看，两种观点几乎是彼此对立的。暴涨观点认为，一个类似于我们的宇宙，即使从内部看起来是无穷大的，但实际上，它是从相似的宇宙泡泡中，被暴涨空间的扩张所分离出来的罕见的泡泡。可能会有无穷多的此类泡泡存在，而且关于暴涨会引发什么这一主题，这些泡泡会提供每一种可能的变化，但他们绝不是彼此“相邻的”，而且也没有理由认为随机选择的任何一个泡泡都会与我们的泡泡相似。大多数多重宇宙都不同于我们的家园。

而有关凤凰模型的观点则认为，在每个循环中各处都大致相同——局部的宇宙就代表着整体的宇宙。整个无限宇宙包括星体和星系，它们分布的方式与相邻宇宙中星系的分布方式相同，居住在无限宇宙中任何星球的任何地方的生物也都会观察太空，并看到我们所能观测到的相同事物。任何地方都像我们的家园一样，即使与堪萨斯州有些不同。

这并不是我们希望通过观察所检测到的事物，因为在任何一种情况下，即使用最好的望远镜，我们所能看到的最大空间区域与我们已经观察到的空间区域也几乎相同。但有一个方法可以使两个模型做出不同的、可检测的预测。根据暴涨理论，宇宙诞生时的极端环境会产生强烈的引力辐射，同时产生在宇宙微波背景辐射中留下印记的空间结构波纹。当今有关辐射的观测效果真的是微乎其微，但它可能会被欧洲普朗克卫星携带的设备检测出来。该卫星于2009年发射，目前正在分析背景辐射。另一方面，凤凰模型比暴涨更为温和，也不像暴涨那样极端，它明确地指出，背景辐射中的引力波不应该有印记。

如果普朗克没有发现预测效果，那么我们就不能证明凤凰模型是正确的，因为在一个较低的水平仍会有波纹存在。但如果普朗克卫星的确发现了引力波的痕迹，那将证明凤凰模型绝对是错误的。

斯泰恩哈特和图罗克喜欢他们模型的简单明了之处：

> 驱动循环的潜在机制很温和而且可以自动调节。两个膜在中等速度时发生碰撞（该速度远低于光速）。暗能量密度常常很低，而广阔无边的暴涨宇宙在高能状态下产生，其中并没有能量流失。相反，暗能量充当了减震器的角色，它使循环保持在控制之中，并抑制随机涨落的影响，因而常规、定期的进化会正常进展。

他们举了一个很好的实例，但这并没有使我信服；我认为普朗克或其思想的继承者之一会在早期宇宙中发现正在运行的引力波的痕迹。凤凰模型极具吸引力，但也有一个很大的缺陷。为什么会在两个膜之间停止呢？如果这两个膜被锁在一个永恒的包围中，那么在十一维空间中还会发生什么？M-理论最令人兴奋之处，就在于它对可能的世界提供了无限的选择，而不像一对枯燥乏味的钹重复击打着同一首老歌，这也正是我们重视多重宇宙观点的最令人信服的理由。苏士侃把M-理论提供的多样化称为**“宇宙景观”**，目前它是宇宙学领域中最热门的话题。在景观中甚至也有循环宇宙的空间，它是我们存在之谜的众多解决方案之一，但不是唯一的解答。

| 探索宇宙景观 |

之所以存在这么多的选择，是因为尽管确实只有五种不同的弦理论，而且都包含在单一的M-理论中，但空间可以通过大量令人难以置信的方式在其中的任何一个理论中被紧化。一个紧化等同于一个不同的宇宙。紧化的细节决定着力的强度和自然常数的尺度，这些我们已经在第二章中探讨过，此外，它也决定着电子的电荷，及存在于特定宇宙中的类电子粒子的数量。在我们的世界中，只存在一种电子和三种夸克；但若出现一个不同的紧化，那么相应地就会出现一个包括三种电子和五种夸克的世界。

当你记起有六个空间维度会被紧化（的确在一些宇宙中，十个空间维度约有六个会被紧化），而且每个维度都能以多种方式卷起时，选择多样化的原因就会清晰地呈现在你的面前。马克斯·泰格马克将其分类为"第四层"多重宇宙（Type IV Multiverse）。最简单的例子就是，一个维度可能会卷曲成一个微小的球形结构。但空间也可能卷曲成一个螺绕环，或者像两个圆环连在一起而组成的8字结构等等。如果是六个维度的话，情况就会更加复杂，也将更难以形象化，但所有的可能性都可以从数学角度来描述；它们被称为**卡拉比－丘形流**。丘形流中的洞，等同于许多圆环并排连在一起组成的洞，它很重要，因为场可以穿过洞，缠绕在圆环上，或高维空间的对等结构上。

我们都比较熟悉磁"力线"的观点，当铁屑撒落在条形磁铁上方的纸上，磁"力线"的作用就会显露出来。对于磁力和其他场，这种磁力线会环绕高维"圆环体"并穿过洞。但以此方式，一个场环绕的频度是有限的，因为洞里的场力线产生了一种向外的压力，如果这个压力足够大的话，就会使洞扩张，从而减少空间的紧化。场交互作用和卷曲的维度会产生一种具有特殊组态的能量，即**真空能量**。这是理解我们在宇宙景观中所处位置的关键所在。

20 世纪 90 年代末，当物理学家首次开始考虑这一切对宇宙论的暗示时，他们遇到了难题，即为什么我们这个特定的宇宙会从许多可能性中脱颖而出，而这些可能性都遵从 M- 理论。有些人受到一个观点的诱惑，即如果许多不同的组态都存在于多重宇宙中，那么人择原理的一种形式可能正在起作用；但那会需要大量的组态使类似于我们的宇宙有可能存在，而首先并没有人知道这是否遵循了该理论。2000 年，当时在斯坦福大学工作的拉斐尔·布索和乔·普金斯基从一个更为可信的角度提出，在罕见的情况下，量子涨落会允许空间区域从一个紧化组态跳到另一个之中。实际上，这会创造出新的泡泡宇宙，它们从自身的大爆炸中产生，按照自己的方式扩张，遵循自己的物理定律，又被“旧”组态的扩张空间区域所分离，从而形成了一个与永恒暴涨中的泡泡宇宙相似的模型。泡泡之中还会有泡泡，没有起点也没有终点。

该观点并没有很快被众人所接受，但在 2003 年，一个叫做 KKLT[1] 的小组提出了一个关于宇宙总数的现实估算方法，它遵循十维空间中一些维度的紧化。小组成员发现，紧化的空间大概能容纳高达 500 个洞的“圆环体”，但不会多于这个数字了。他们还发现每个洞只能被一些力线穿过，当然力线数量不多于 9 个。选择 9 作为最大数值，每个洞就有了 10 种可能性（0, 1, 2…8, 9），那么 500 个洞就意味着真空组态的最大数值为 10^{500}。相比之下，在整个可见宇宙中仅有 10^{80} 的原子。10^{500}，这个庞大的数量，并不是无穷大的，但它庞大得足以使一些事情变得完全有可能，即如果所有这些组态都存在于多重宇宙中，其中一些会与我们的

[1] 来自以下几人名字的首字母——沙米特·卡赫鲁（Shamir Kachru），蕾娜塔·考洛施（Renata Kallosh），安德烈·林德，桑迪普·特里维迪（Sandip Trivedi）。

宇宙非常相似。[1]

苏士侃成为这个观点的狂热支持者，不同的宇宙有不同的紧致组态和能量，他把这样的多重宇宙称作宇宙景观。自2003年以后，这个观点以此名称而被广为流传。力图正确看待这个令人难以置信的数字——10^{500}，苏士侃指出如果你把一系列的圆点（普朗克长度除外），放置在整个可见宇宙的直径上，那么在线上仅仅只有10^{60}个点。不久他便放弃了。“10^{500}这个数字是如此的庞大，以至于我想不出能够用图表来呈现这么多点的任何一个方式。”但这又能如何呢？体积的增长正如立方体的半径，因此即使你通过这种方式用点填满可见宇宙，那也只不过是其中10^{180}之多。你需要10^{320}个宇宙，就像我们可见宇宙包含10^{500}个“**普朗克点**”一样。那就是宇宙景观中变异的数量。这个非同寻常的数字并不能标志此次探索的结束。它并不意味着在多重宇宙中“仅仅”有10^{500}个不同的宇宙，而是指有10^{500}种不同的宇宙。此外还有很多丘形流的复制品，具有相同的物理定律，每一个都从自身的“大爆炸”中以自己的方式发展，其中的含义我们将在以后讨论。

即使如此，宇宙景观也并不等同于一个平滑、连续的表面。要想完全填补这个表面，我们需要无穷多的点。你能够看到的图像更像是一幅点彩画。从远处看，景观像平缓起伏的丘陵和山谷，可能偶尔伴有高耸的山峰和深深的峡谷，但靠近观察，你会发现它是由无数个几乎彼此接触的小圆点组成的——实际上，这不同于有限数量的原子组成一张连续而平滑的纸的方式。

但并不是景观中所有的点都相等。至关重要的是，并不是所有的点都具有相同的能量。景观思想常作为将某种变量特性和常用能源形象化的一种方式而用于科学领域。苏士侃说过，他是从其在化学领域中的应

[1] 一些计算表明会有多达10^{1000}的真空状态，实际上10^{500}这个数字只是个保守的估计。

用了解这种观点的，而该化学领域又与大分子能量有关。一个分子包含了成千上万个不同的原子，原则上，相同的原子以不同的方式排列，并可以通过许多不同的方法组合在一起。主题的每一个变异都有它自己的能量，而可能性的范畴也可以用形象的方式来呈现，正如起伏的山丘景观对应着更高的能量组态，而山谷则对应着较低的能量组态。这使得化学家们能够去思考一个特殊组态的稳定性——如果它位于山顶，那么任何干扰都有可能使原子重新组合为能量较低的组态，继而滚落到山谷。但如果该组态已经在低谷了，它就会很稳定，不可能改变它的外形。

在宇宙景观中，山丘和山谷分别对应着每一个紧致组态的真空能量。该观点指出，当量子涨落产生一个“新”组态时，它就会随机地这样做。如果新空间在山谷之中，那当然很好。它停留在山谷之中，有一套特殊的物理定律，并在自己运行着。但新组态如果在山顶，或被高挂在山谷的一侧，它就会滚落到最低点，在进入稳定状态之前，释放能量。这一释放能量的滚动，恰好是我们所熟知的暴涨。[1]能量驱动宇宙大爆炸发生，而在低谷中的真空能量的低能级正是暗能量（宇宙常数），它最终促使特殊宇宙加速扩张，并提供大量的新空间，在这些新空间中罕见的量子涨落可以产生新的宇宙。“所有已知的宇宙论，”苏士侃说，“都发生在从一个宇宙常数的值滚动到另一个更小值的过程中。”

设想有一个该景观的桌面模型，有山丘也有山谷，然后我们在其表面滚动一个弹球，最终弹球会落在山谷，而不是山顶。像我们的宇宙一样稳定的宇宙，一定有微小的宇宙常数的数值。但为什么我们这个特殊的宇宙会被挑选出来呢？如果你在景观中仅仅滚动一个弹球，这就不太可能。但如果你同时滚动许多弹球，或者一个接一个不断地滚动多个弹

[1] 由于景观的“点彩”本质“滚动”实际上是指一种量子振动，正如一个球跳着滚下楼梯，但这并不影响论证。

球，那么所有的山谷都会被填满。**弦景观**上的每一点对应着一个有自己特定的物理定律的特殊紧化。但根据布索和普金斯基的观点，在“最有效点”，约有 10^{380} 个真空状态，与我们相似的宇宙可以存在其中。尽管我们只能存在于这样一个宇宙中，但这足以满足人类宇宙学的需求。弦理论为多重宇宙的存在提供了一个自然的理由，而永恒暴涨则提供了一个自然过程去占领多重宇宙景观中的每一个可能的山谷。物理定律取决于宇宙景观中一个宇宙所处的位置，而宇宙学家则开玩笑地说，在这幅画面中，我们所了解的物理定律可能只是局部的法则。

丨 薛定谔的猫归来 丨

（到目前为止）宇宙景观的故事尚未结束。分布于弦景观之中的宇宙的数量是如此之大，以至于不同宇宙之间的区别常常并不明显。例如，在景观中有一个宇宙，它的定律与我们宇宙的定律几乎一模一样，但电子的质量会多一点（或少一点）。当然，也有许多与我们宇宙完全不同的宇宙。但目前在亚利桑那州立大学工作的宇宙学家保罗·戴维斯（Paul Davies）说：“你可以去设想一个宇宙，这并不是一种夸张的说法。如果你选择了任何一种假设的（合乎情理的）低能物理现象，那么在难以想象的众多可能性中，就会出现一个宇宙与该描述相匹配。”在“合乎情理”的范围内，他的意思是指，比如，正如我们在第二章所讨论的，在一个多维宇宙中，你不会有引力的平方反比定律，它只存在于三维空间中。什么样的紧致能产生不同的宇宙，关于这一问题有很多约束条件，这也正是为什么宇宙景观中只有 10^{500} 个点而不是无穷多的原因。

宇宙景观中还存在一些宇宙，它们的物理定律与我们宇宙的物理定律很难区分开来，但它们的历史却与我们宇宙的历史大不相同。比如，约6500万年以前，在另一个宇宙中的地球并没有被太空中一个大型物体撞击，恐龙的时代也并没有戛然而止。听起来熟悉吗？它很像埃弗莱特对量子力学所做的多世界诠释。两者的确非常相似，以至于苏士侃提出，它们本质上是相同的事物。

苏士侃指出看待弦理论中多重宇宙（他指的是“超大宇宙”）的两种方式的相同之处，同时提出看待量子理论解释的两种最熟悉的方式。有一个观点是从单一的观察者角度来谈的，我们想象该观察者不受空间结构变化的影响，而从单一的因果补丁中观察事物。而具有一套特定的物理性质的“**袖珍宇宙**”也出现在该观点之中。量子涨落近似于隧道，它及时地把空间转化为不同的形式，而不同的形式又有一套不同的物理定律，并很有可能带有较低的能量。这个过程一次次地发生，但观察者所经历的绝大多数连续的宇宙都是贫瘠的，并不适合生命的存在。它就像一条蜿蜒穿过宇宙景观的小河，仅经过其中一片狭窄的景观区域，其余的区域还尚未开发。假定的观察者几乎不可能看到适合生命存在的宇宙。苏士侃称之为“一系列的”观察，因为连续的宇宙是一个接着一个的。

这就像由尼尔斯·玻尔最先提出的量子物理学的哥本哈根诠释。该观点认为，每当在量子水平中做出选择时，若一条路径被选出，那么其他的所有可能性都会消失在“波函数的坍缩”中。但正如苏士侃所强调的，波函数的坍缩并不是量子物理学的数学运算的一部分，它是“玻尔为了结束观察实验而不得不附加的东西”。既然宇宙并不会以一次观察而终结，那么当我们试图描述多重宇宙时，哥本哈根解释是不合适的，更何况它还有其他的缺陷。

另一个方法就是苏士侃所说的**平行观点**。该观点所涉及的并不是一个单一的宇宙一个接一个地经过弦理论所允许的不同状态，而是指许多袖珍宇宙遍布于宇宙景观之中，同时以它们自身的方式发展——彼此平行。从该观点来看，可以确定其中一些将终结在适合生命存在的状态之中。“谁会关心其他的一切呢？”苏士侃感慨道，“生命会从它可以形成的地方形成——也只能从它可以形成的地方形成。”

他说，这就像量子物理学的埃弗莱特版本。它甚至更像戴维·多伊奇对这一主题的发展。从宇宙景观中的任何一个特定的袖珍宇宙开始，每一个可能的未来都将存在于景观中的某个地方，也并没有一条独特的线来连接一系列的袖珍宇宙，使它们像一条小河一样，蜿蜒地经过景观的狭小区域。相反，它更像一场淹没了整个景观的洪水，因而每个洞都填满了水。

苏士侃把它视为意义深远的见解：

> 也许最终我们会发现量子力学仅仅在超大宇宙分支的背景下才会有意义，而超大宇宙只有作为埃弗莱特解释的现实分支才会有意义。
>
> 每当我们运用超大宇宙或多世界诠释的语言时，平行观点和巨大的弦理论景观就为我们提供了两个要素，使人择原理从一个无谓的重复转变为一个有效的组织原则。

这恰恰把到目前为止书中所讨论的所有内容都统一在一起，方式是如此的轻松愉快，好像要就此结束。弦理论的宇宙景观正是放大的戴维·多伊奇的多世界理论，它自身又包含着暴涨。但还有一件事尚未完成，由苏士侃拼装的画面还需要添加一小部分。有些人很重视这个未完成的事，即宇宙是个赝品——我们住在一个计算机仿真中，类似**黑客帝国系列电影**中的人物所居住的世界。而宇宙诞生时黑洞所扮演的角色则是谜团的最后一部分。

chapter

7

伪造它？还是制造它？

它是科学吗？ / 内在的信息 / 伪造者 / 黑洞和婴儿宇宙 / 自然地选择宇宙 / 一个新的视角 / 宇宙的创造者 / 设计宇宙的进化 / 设计的宇宙

世纪初期，出现了两种令人震惊的观点。在弦理论的多重宇宙背景下，这些观点对周围的宇宙做出了相应的解释，需要我们认真地思考。第一种观点认为我们的宇宙是一个计算机仿真模型——换句话说，是一个赝品。众多杰出的宇宙学家都非常重视该观点，但我认为他们找错了对象，有关原因我将在下文阐释。第二种观点不够流行，但依我看，它更加引人注目。该观点认为我们的宇宙是一个人造的结构，它由另一个宇宙的智能生物精心制造而成。在伪造和制造之间存在着很大的区别，我认为有证据表明制造宇宙的可能性更大。乍一看，这些观点可能更像哲学或宗教问题，而不是真正的科学。但它们都是建立在真实而充分的理论（**弦理论景观科学**）基础之上的。因为由这些观点得出的结论是非常重要的，所以它值得我们深入研究，从而弄清楚该争论的科学依据。

| 它是科学吗？ |

人们普遍认为多重宇宙概念是某种模糊的哲学思想，而宇宙巧合之谜的**人择解决方法**，如驱动宇宙加速的真空能量值，是某种同义反复或循环论证。拉斐尔·布索对此做出了解释，我从他那儿引用了下面的三步论证。

首先，多重宇宙或者存在，或者并不存在。很明显，这是一个科学问题，并不是一个看法不一的问题，或者你愿意相信哪个的问题。在科学论证中有一点非常关键，即粒子物理学原则上是否允许至少一个“**伪真空**”的存在——它也是一种真空状态，但这种真空状态比另一种真空状态具有更多的能量。如果允许，那么毫无疑问，量子涨落迟早会创造出一个伪真空。继而伪真空将“滚落”到一个更低的能量水平，驱动暴涨并产生一个无限膨胀的空间，而在此空间中量子涨落将产生更多不断膨胀的泡泡，其中的每一个泡泡都有无限的体积。只要存在一个物理定律所允许的伪真空状态，即使刚开始时空间是有限的，最终也会形成一个无限的宇宙。“（**虚拟实境**）可能是无穷大的，而且它可能包含无穷多的我们区域的复制品，”布索说，“这种观点确实是从一个简单而合理的假设中衍生出来的。”

其次，多重宇宙观点的现代版本所要求的宇宙景观，不是包含一个而是包含许多伪真空，从而创造一个复杂的多重宇宙，这个多重宇宙中包括许多不同种类的宇宙。这就有助于我们运用**人择参数**来解释宇宙常数的尺度或碳和氧的共振值等。但如何从基本原理中制造这样的景观还尚不明确。而弦理论制造了这样的景观，包括D-膜和螺绕环。“虽然弦理论本来并没有给你提供选择参数的自由，但它却提供了允许（这种景观）实现的要素，依我看，这真是非同凡响的。其实，它不必提供这些要素，但它却的的确确提供了这些要素。”

最后，景观不是一个简单的形而上学的理念，而是一个在特定物理学理论中产生的具体的模型，正因为如此，原则上，根据景观绝对有可能做出可检验的预测。这可并非易事，即使大型强子对撞机技术也不可能胜任检验此类预测的任务，但正如布索强调的，这并不是“怎样都行”的情况。他用原子和核子的行为做了类比。比如，物理学相关的理论并不允许一个原子核中的质子超过一千个，铁在室温下也不会呈气态。他希望并预测，将会有办法从弦理论中提取物质运行状况的广泛规则，这些物质与宇宙大爆炸相比能量较低，但从日常生活标准看，这些物质的能量是非常高的。正如铁的导电性取决于许多原子的体积特性，而无需从基本原理中计算出一块铁里的每一个质子和每一个电子的交互作用。

弦理论是真正的科学，而宇宙景观则是弦理论的一部分。那么，实际上，这对于我们来说意味着什么呢?

| 内在的信息 |

制作一种我们可以从外部观察的世界图像，这并不稀奇——甚至都不需要聘请演员，自“**威利汽船**”和他同时代的作品出现后，动画片便一直在做这件事。这些模拟从手绘的钢笔画素描发展到看起来非常接近真实世界的计算机仿真。不久以后，我们完全有可能利用全息摄影技术，使这些仿真呈现出三维效果，而观众则会沉浸于仿真出来的景色或动作之中，并误以为他们的体验是真实的。逼真地模拟外部世界的外貌来愚弄我们的感觉，与模拟整个世界及其中的任何事物（包括“生存”在该仿真中的任何智能生物的思考过程）相比，两者之间存在很大的差别。除了实现它所需要的技术难题，我们必须要回答的关键问题是，通过这种方式来模拟一个类似于我们的宇宙，需要多少以二进制数字形式编码的信息——或者从另一角度看，如果以二进制数字编码信息的话，我们的宇宙包含多少信息?

宇宙学家对信息这个概念及其与宇宙的关系很感兴趣，部分原因在于信息（与熵紧密相关）与黑洞相互作用的方式是非常独特的，还有一部分原因在于，如雅各布·贝肯斯坦（Jacob Bekenstein）所概括的，“最终的理论关注的不是场，甚至也不是时空，而是物理过程中信息的交换”。在这幅画面中，甚至连M-理论也会成为信息流的某种粗浅的表现，尽管这并不会使从M-理论得出的任何结论失效。在此处，对信息辩论详细探讨并不合适，最重要的是，对于信息和信息流的兴趣，为讨论如何伪造宇宙提供了大量相关的知识。

贝肯斯坦目前任职于以色列的希伯来大学。20世纪70年代，他因研究黑洞的熵和黑洞的温度之间的关系而闻名。后来，剑桥大学的史蒂芬·霍金发展了这项研究。他展示了这种关系是如何导致粒子和辐射不断从黑洞表面辐射出来的，这被称作“**霍金辐射**”。一个庞大的黑洞所吞没的质能要比它以这种方式辐射的质能多，因而尽管有辐射，庞大的黑洞仍然会增长，但一个微小的黑洞在流失能量时便会收缩，辐射速度也变得越来越快，当它缩减到近乎为零时，就会在最后的一阵粒子流中爆炸。

这一切使人们对信息和宇宙产生了困惑。陷入黑洞的信息会发生什么？假设它是一个像宇宙飞船般的复杂的人工制品，那么宇宙飞船的信息已经丢失了吗？在宇宙的熵中，是否已经产生了一个相应的改变？或我们是否也必须得考虑黑洞的熵呢？由于这艘宇宙飞船，这个黑洞现在包含了一个组件。有一种观点认为，陷入黑洞的信息将永远消失，无法恢复。很长一段时间，霍金一直是该观点的主要支持者。在这场激烈而友好的辩论中，另一方，包括李奥纳特·苏士侃在内的一组人提出，“**信息的守恒定律**”是真实存在的，即使信息消失在黑洞中，它也不会从宇宙中消失。

苏士侃和他的同事推论，尽管信息会胡乱地拼凑，以至于我们几乎不可能还原它，但陷入黑洞的少量信息会以霍金辐射的变化形式返回到宇宙外部。苏士侃说，这就像洗一副纸牌。如果你开始的时候先把一副纸牌按顺序分组排列，而每一组中的纸牌排又按序号排列，然后用某种复杂的方式来洗牌，但遵循一定的规则，那么信息仍然存在。（尽管这样做不可能让纸牌恢复到原来的排列方式，除非你知道“逆向洗牌”的规则才能回到起点。）这与随机洗牌不同，因为随机洗牌并没有逆向洗牌的规则。只要逆向洗牌的规则存在，即使你不知道规则是什么，信息也不会丢失。

这便导致了广义相对论和量子论的经典对峙。广义相对论认为信息会陷入黑洞之中；量子论认为，用苏士侃形象的语言来说，“这就好像信息在送信者手中就被撕裂，并在经过临界点之前，就传递给了正在向外运动的霍金辐射”。像许多量子困境一样，对这两种理论的解决方案就是鱼和熊掌兼得。因为时间受引力影响而变得扭曲，对于在外部世界监测物体陷入黑洞时会发生什么的任何人来说，他们所看到的是一个物体越来越接近黑洞但却移动得越来越缓慢，从不跨越被称为视界的临界点。就在该视界之外，该物体最终被破坏，并转化成向外发出的霍金辐射。但任何陷入黑洞的人，也许正乘坐着假设的宇宙飞船，并不会体验到此类事情。如果黑洞很大，宇宙飞船和乘客会非常顺利地通过该视界，穿越临界点，而且不会感觉到任何异样。乘客可以观看宇宙飞船周围的世界，甚至黑洞内部的世界，但当他们到达中心区时，宇宙飞船、乘客和所有的一切都会被**潮汐力**撕成碎片。

20 世纪 90 年代，苏士侃和荷兰物理学家赫拉德·特霍夫特指出，上述的两种观点都是正确的，同样，把光看作粒子的观点和把光看作波的观点也都是正确的。这是所谓的**互补性**的一种形式，研究量子世界的物理学家都非常熟悉这种观点，即在量子世界中，既可以把电子这样的实体描述为波也可以把它描述为粒子，两种互补性的描述都是正确的。现在霍金也承认他当时确实错了，当一个物体陷入黑洞时，信息不会丢失。正如苏士侃所言；“对于黑洞之外的人来说，横穿视界的探险家一生中的事件都是在视界之外的。但这些事件都属于物理学，而不是形而上学。这些信息以霍金辐射形式的全息代码向外发送……代码（规则）是否丢失，甚至我们是否有过代码，都不重要。信息是注定存在的。”如果黑洞就是通向其他世界的走廊（这种可能性很大）的话，一些来自其他宇宙的加密信息也会以这种形式出现在我们的世界中。在多重宇宙中，信息可以穿过虫洞，从时空的一个区域——一个宇宙——转移到另一个区域，因而在整个虚拟实境中信息永远不会丢失。

贝肯斯坦做了一项有关黑洞的全部信息量的估算，这已经成为有关黑洞和信息 / 熵之间相互作用的调查成果之一。信息量与视界的表面积成正比，并标注了环绕着黑洞的临界点。如果一个微小的黑洞放射了能量和信息，黑洞就会收缩，表面积也随之变小，而当一个庞大的黑洞吞并了塞满信息的物体时，它就会变大，表面积也随之变大。这一切看起来都非常合乎逻辑。

如果一个黑洞视界的表面积被分成许多正方形，每一个的边都与普朗克长度一样长，每一个正方形中都包含一位元信息，那么我们就可以用正方形的总数测量黑洞的信息量。一个直径约为一厘米的黑洞包含约 10^{66} 位元信息。最大的问题是，宇宙包含多少信息？如果以最有效的方式存储这些信息，你需要多大的黑洞呢？贝肯斯坦估算，宇宙中所含信息的最小量等同于 10^{100} 位元，这可真是个天文数字（googol）！搜索引擎谷歌（Google）选择了一个发音相同的名字，意在使人听后留下深刻的印象，但它远没有那么庞大数目的信息量。若要存储这个天文数字的信息量，我们需要一个直径为十分之一光年的黑洞。

姑且不谈计算机本身的尺寸得有多大，或者它是否按量子原则运行，这就是计算机仿真一个宇宙所需的存储量的最小尺度。与宇宙的尺度相比，它真是小得惊人；但计算的顶端是开放式的，宇宙包含的信息量没有已知的上限。很有可能，而且我也非常相信，能够存储足够的信息来描述宇宙的最小物体就是宇宙本身。毕竟，从多重宇宙中的泡泡宇宙角度来看，宇宙是一个黑洞，而它的表面积就是与它所包含的信息量相对应的最小尺度。这将使伪造宇宙变得非常困难！

伪造者

伪造宇宙观点的支持者所使用的论据，从本质上来说，有以下几点：原则上，在计算机中模拟宇宙非常简单、那么肯定有许多模拟仿真分散在多重宇宙中，它们由真实世界的编程员制作，也有可能包括由模拟宇宙中的模拟编程员制作的模拟仿真，仿真之中又有仿真，就像嵌套的俄罗斯娃娃。因而，他们提出，仿真的数目远远超过实际可居住的宇宙数目，那么从统计数字上来看，我们很有可能居住在这样一个仿真之中，而不是生活在一个真实的物质宇宙中。编程仿真也许只是为了好玩，就像一系列**虚拟世界**的电子游戏一样，或者是出于科学兴趣，旨在探究在自然常数发生轻微变化的情况下宇宙将如何表现，或者是为了娱乐，或者是为了人类智慧无法理解的原因。最重要的是，模拟仿真是制造出来的。

你也许会好奇，为什么任何人都认为模拟一个类似于我们的宇宙是一件很容易的事情，要知道它的最低要求是能够从直径为十分之一光年的黑洞的视界中获取普朗克尺度上的信息。但这完全取决于你如何理解“容易”一词。模拟一个宇宙需要一个超级文明世界的出现，该世界的计算能力远远超出了我们已经能够实现的任何计算能力。很可能具备这种能力的文明从未出现在我们的宇宙中。但多重宇宙允许每一种可能的宇宙存在，包括与我们的宇宙非常相似的宇宙，在这种宇宙中，一个超级文明世界就会从一些罕见而奇怪的事件组合中出现。除非每一种可能的宇宙，都具有阻止该文明出现的物理定律，否则与我们宇宙非常相似的宇宙将不可避免地存在，而这种超级文明也会存在于其中。很难（就我而言，简直就是不可能）想象会有定律来阻止这一切。模拟宇宙观点的支持者认为，即使这样的宇宙很罕见，它们所包含的超级文明也将会产生大量的模拟宇宙，因此伪造的宇宙会比真实的宇宙更为常见。在这种情况下，很可能我们就生活在一个模拟宇宙之中。

戴维·多伊奇比我所见过的任何人都更加懂得计算，他尤为严厉地批判这种推论，并把该推论描述为一个“虚构的怪物”和一个“不可检测的阴谋论”。他说，“计算不能解释硬件”，并指出在真实世界中（并且他确信这是真实的世界），蒸汽机是有可能出现的，但永动机还不太可能出现。然而“量子理论计算对热力学第二定律一无所知：如果一个物理过程能被通用量子计算机模拟，那么其在时间上的逆向过程也可以如此”，“居住在”模拟中的人们就能够制造永动机。

剑桥的理论学家约翰·巴罗采用不同的策略来研究这种观点。他认为如果我们居住在一个模拟宇宙中，那么在物理定律中肯定会存在一些以“小故障”形式出现的线索。他推论，即使是超级文明世界，也不会熟知物理定律的每一件事。的确，运行仿真宇宙的原因之一就是我们可能会发现有关这些定律的更多信息。因而，在他们的编程中就有可能包括缺口或错误，继而这些缺口或错误将在我们的世界中出现，产生令人困惑的实验结果——比如，观察似乎表明，随着时间的推移，物理常数正在缓慢地变化着，或者宇宙的不同部分会有不同的物理常数。最终，正如他在《无限的书》中所说：

（这些仿真）将变成他们无能的创造者之牺牲品。错误将累积起来。预测将发生故障。而世界将变得毫无理性。

这是一个令人不安的前景，但我不会为此而担忧。首先，除非出现一个与我们宇宙同样大小的复制品，否则我们根本无法相信一个类似于我们的宇宙会以任何方式被模拟。除了已经提到的“泡泡宇宙”问题，指定空间中粒子的位置需要信息量，而存储这些信息量确实存在困难。在有些情况下，精确地指定位置涉及一个**无理数**，例如 π，这个无理数的小数点后面有无穷多的数字。因此，你会需要一个无穷大的存储空间来指定数字，从而精确地指定粒子的位置！〔1〕

当然，任何一个计算机编程员都知道在这种情况下你会做什么——求一个近似值。对于一些计算，如果你仅需要一个粗略的答案，那么你可以把 22/7 这一数值当作 π 来使用，或者你可以用 3.14159 来得到一个更为精准的答案。π 的定义是圆的周长除以它的直径；如果你精准地测量一个画得很完美的圆，那么就会有趣地发现，在小数点后无数的地方，代表这一比率的数字有规则地重复或结束。这将成为我们居住在一个模拟宇宙中的有力证据。

但是这种取近似值的观点引发了另一种反对模拟宇宙的观点。为什么要费力去模拟全部事物？我们并不需要模拟每个遥远的类星体和恒星的完整工作方式。一些假信息好像来自遥远的宇宙，并以光子的形式进入地球上的望远镜和其他探测器中，我们为什么不用这些假信息来具体地模拟地球呢？如果你对行星上生命的演化感兴趣，那么这些问题便不难回答。我们被带到了逻辑的极端，而这个争论又把我们带回到类似于波尔兹曼大脑的难题之中。伪造者的论点基于一个假设，即轻易制造出来的模拟宇宙将在多重宇宙中变得非常普遍。与你所经历的一切事物

〔1〕 这一问题我在《深奥的简洁》一书中讨论得更为充分。

（包括读这本书）都保持一致的最简单的模拟就是，你感知到的性格只是精密机器所运行的一个计算机程序，其中填满了一个数据，从而给你一个错觉，好像你的周围有一个世界。因为这比模拟整个宇宙或一个行星简单得多，那么通过伪造者所使用的逻辑，这种模拟“大脑”的数量会多于完整的模拟宇宙的数量，因此你只是一个孤立但却精密的计算机程序这种可能性，要比宇宙或者以模拟形式存在或者以真实世界形式存在的可能性大得多。

但即使如此，这条探索之旅也没有走到尽头。正因为结果证明制造整个宇宙比制造孤立的波尔兹曼大脑更为简单，因此，实际上，制造完整而崭新的宇宙比制造模拟宇宙或模拟性格要简单得多。大自然一直在借助黑洞来做这件事。宇宙的大量繁殖并不需要智能文明的干涉，而如果有这种智能，它会像园丁培养繁殖植物一样，来培养并繁殖宇宙。

黑洞和婴儿宇宙

在黑洞内部，朝向奇点坍缩的物理事件，正是向外膨胀远离奇点的宇宙大爆炸的逆时物理现象。物理学家认为，在这两种情况中，不会真正地存在奇点，但在我们认为存在奇点的地方发生了某些事情，从而使我们产生一种幻觉，即坍缩一直在朝着数学奇点进行，而膨胀始于奇点，并不断远离奇点。这就涉及了**量子引力**，量子引力属于普朗克尺度上的事件，而在普朗克尺度中空间自身又具有泡泡状结构。

最有可能出现的一种可能性是，朝向奇点坍缩的时空会因缺乏奇点而“反弹”，收缩则会变成膨胀。这是循环宇宙早期思想的基础。但因为熵在相同的时空中会从一个反弹被转入另一个反弹之中，该观点又陷入困境。这些观点包括在我们熟悉的三维空间加一维时间中出现的反弹，因此，坍缩涉及一个三维空间的收缩及相同的三维空间在反弹后的再一次膨胀。且不说在这种情况下时间之箭会发生什么变化，这根本不可能发生在我们宇宙的黑洞中，它从视界外部的三维空间中分离出来，永不复返，或蒸发殆尽。但在 20 世纪 80 年代，一些数学物理学家便开始研究朝向奇点坍塌的黑洞里的物质，从一种空间扭曲转移到另一个膨胀而成的时空的可能性。

通过数学方法，从四维的角度，即三维空间加上一维时间，其中每一维度都与我们时空所有的四个维度成直角，我们可以轻松地描述这种新时空。若在数学方面多下点功夫，这一描述也可以用来处理紧致的维度。在“新”时空中，可能会存在各种各样解决紧化的方式，但这并不是我想在此详述的内容，因为对于我们来说，重要的是类似于我们的时空是否存在。从苏士侃的宇宙景观角度来看，我们可以把黑洞看作（如果这种观点是正确的）一个连接景观中一部分与另一部分的隧道。在多重宇宙的景观中，每一个“奇点”，即每一个黑洞，都是另一套时空维度的入口，也可能是紧化主题的另一个变异。

我们还可以用一个熟悉的比喻来描述这一切，即把我们不断膨胀的三维空间与充气气球不断膨胀（因为在不断地给气球打气）的二维表面进行比较。暂且忽略气球内部的体积，假定气球的表面等同于空间。在这幅画面中，黑洞可以用气球表面的一个小气泡来表示。该气泡被挤破并开始用自己的方式膨胀。一条小“气管”把原始气球和不断膨胀的气泡连接起来，气泡可以变得和原始气球一样大，或更大，却并不影响原始气球（原始空间）的结构。原始宇宙中的居民只能看到一个黑洞，但这个黑洞是连接母宇宙与一个新婴儿宇宙的脐带的末端。在新的宇宙中，对任何一个智能观察者来说，脐带的另一个末端都以它们自己的大爆炸形式出现，包括暴涨和由于引力的负性而产生的大量物质和能量。

当然，我们并不需要停留在一个泡泡上。新的时空泡泡能够在原始宇宙中任何一个有黑洞的地方形成，也能够以相同的方式在任何一个新宇宙中的任何地方形成由原始宇宙产生的婴儿宇宙。这一观察最深刻的含义就是，在宇宙景观的另一个区域，我们的宇宙可能以相同的方式从一个黑洞朝向奇点的坍缩中产生。我们不得不把我们的宇宙视为由贯穿时空的隧道所连接的各种各样的（可能是无穷多的）宇宙中的一部分。[1]

当然，目前任何可能的事物都能够并且将会存在于多重宇宙的某个地方，因此从这个意义上说，这样一个互相连接的宇宙网络（其中的一些宇宙很像我们的宇宙）的存在就不是一个不解之谜了。整个事件是如何开始的？类似于我们的宇宙是否普遍存在？而相应的我们对宇宙巧合的人择解释是否有效？我们最好弄清楚这些问题。对此研究最深入的人便是李·施莫林。在闲暇时光，他总在苦苦思考**圈量子引力论**。20世纪90年代初期，他提出了这个想法，后来又在他的《宇宙中的生命》（*The Life of the Cosmos*）一书中做了详细的阐述，即一个与地球上生命进化的方式非常相似的进化过程，从普朗克尺度中最小的量子涨落开始，能够产生大量的类似于我们的宇宙。进化有两个本质特征：其一，个体繁衍的后代与它们的父母特征相似但不等同；其二，这些后代成功地继续繁衍取决于它们自己的一套特征。因此有助于成功繁衍的特征往往会继续传播。施莫林指出，这同样适用于宇宙及地球上的生命。

自然地选择宇宙

施莫林的核心思想是，当时空中的黑洞坍缩，进入另一个时空时，

〔1〕 无限的网络本身可能就是宇宙景观中无穷多的此类网络中的一个。

“新”时空的物理性质，比如引力的强度和其他自然常数的值，与母宇宙中的物理性质非常相近，但不完全等同。[1] 正如脱氧核糖核酸（DNA）中的小突变意味着动物或植物的婴儿基因组与父母的基因组非常相似，但不完全等同。考虑到这种情况，他认为一些宇宙中的自然常数有促进黑洞形成的数值，这样的宇宙将会比其他宇宙更为常见，因为它们会有很多后代，而这些后代也具有促进黑洞形成的特性。与用于人择宇宙学中的论点相同，这些观点暗示着我们的宇宙已经从多重宇宙的所有宇宙之中被挑选出来，不是因为它是生命的美好家园，而是因为它善于制造黑洞。对黑洞有利的事物也对生命形态有利，这一事实仅仅是一个巧合而已。正如施莫林所言：

> 我们发现**基本粒子物理学**标准模型的参数有数值，因为比起其他选择，这些使生产黑洞变得更有可能。

但是在一代又一代的传承过程中，性能的微小变化使得类似于我们的宇宙变得如此普遍。

施莫林利用景观思想的一个版本解释了这是怎样发生的。苏士侃借用了化学中的一些想法，而施莫林的想法则源于**进化生物学**——实际上，20 世纪 90 年代，施莫林在宇宙论背景下实施了这一想法，比苏士侃独立地提出自己的观点要早几年。我们可以把施莫林的景观想象成一个点缀着群山的平原。景观中的一点对应着一套特定的参数值，它决定着一个宇宙的特性，尤其是宇宙制造黑洞的能力。在平原的平坦地区，众多宇宙有着不同而具体的特性，但它们都具有一个共同点——每一个

[1] “再加工”物理参数的观点事实上可以追溯到 20 世纪 70 年代（在单一的“**反弹**”**宇宙**背景下）约翰·惠勒（John Wheeler）的作品中。顺便说一下，正是惠勒给黑洞起了这个令人回味的名字。

宇宙都只能制造一个黑洞，黑洞从**量子泡泡**中出现，而又迅速坍缩。小山对应着一些宇宙，它们生存的时间很长，能够制造一些黑洞，因此也有一些后代；而高耸的山脉则对应着多重宇宙地区，其中的宇宙具有正确的特性可以制造许多黑洞并有许多后代。

正如宇宙景观主题的所有变化一样，重要的一点是，在景观的每一点可以存在多个宇宙。从生物等效的角度来看，比如说，景观中的一点，可能对应着一个斑马的特性（或基因组），但可能会有许多斑马都拥有这些家族特性。在道金斯最好的一本书《攀登不可能的山峰》中就使用了景观这样一个熟悉的概念。“不可能的山峰”是进化景观中的高峰，它对应着一个复杂的生物系统（例如眼睛）。出于无知，有些人会反对自然选择的进化观点，这就相当于问“半只眼睛有什么用”这样幼稚的问题。换句话说，正如自然选择要求经过一系列步骤才能使生物进化一样，像眼睛一样的复杂器官如何通过一系列琐碎的步骤进化而成。最快速的回答是半只眼睛的确很有用，当你受到掠夺者的威胁时，有半只眼睛当然比没有眼睛要好得多。关于眼睛如何一步一步地从皮肤上一块光感细胞开始进化而成，在《攀登不可能的山峰》一书中有详细的解答。景观到底是什么？这便是一个经典的例子——你不可能一跃而至山顶，但可以沿着一条漫长而平缓的路到达顶峰。如果你看到一幅画，画中一个人位于山顶之上，你不会假设他们是通过魔力或上帝超自然的干预而到达顶峰的，这是他们一步一步攀登的结果。眼睛和其他复杂器官的进化过程也是如此。的确，眼睛是如此的珍贵，它们至少进化了四十遍，沿着四十条不同的曲径才达到这一特殊的山顶。如果施莫林所言是正确的，那么我们周围的复杂的宇宙也同样出现在一个从简单的量子涨落开始的循环渐进的过程之中。

施莫林举了一个简单的例子，他要求我们假设只存在两种可能性——一个宇宙或者只能留下一个后代，或者留下十个子孙。如果你在景观的任何地方随机选择一个宇宙，它很有可能会在平原上，并且只有一个单一的后代。后代，像它的父母一样，也是在短期内迅速形成的，继而它会坍缩并产生另一个单一的后代，但关键的是，就上一代而言，每一代都具有一些不同的特性。这就相当于连续的宇宙形成了一条蜿蜒穿过平原的路。最终，一个宇宙产生了，它所具有的特性恰好把它留在一个小山旁，而这个小山正对应着具有十个后代特征的宇宙。又一个细小的“突变”把它带到山上，而在该链条中的下一个宇宙确实有十个后代。其中的一些宇宙可能会具有一些变异的特性来把它们带回平原，但留在山顶的下一代中每一个成员也会有十个后代。结果导致指数增长，从而产生大量的宇宙，分布在具有十个后代特征的山上，以及在景观中具有相同特征的所有其他的山上，其数量远远超过了在平原上只有一个后代的宇宙的数量。

在一个更为真实的景观中，具有十个后代特征的小山可能刚好在一座大山的山脚，相当于道金斯的“不可能的山峰”，而在它的山顶有类似于我们的宇宙。施莫林用这种方法将他的论点扩大到更为复杂的宇宙，他指出即使从宇宙景观中荒凉地带的单一量子涨落开始，也会产生大量善于制造黑洞的宇宙——当然，我们也没有理由认为宇宙景观中只有一个量子涨落。

在多重宇宙中随机选择的任何一个宇宙一定是最常见的一种，基于此，他提出，在我们宇宙中的物理定律肯定接近黑洞形成的**最佳值**，而“大部分物理定律参数的变化将会降低我们的宇宙制造黑洞的速度”。这是一个有争议的断言，也是一场激烈辩论的焦点，但我可以举一个支持施莫林论点的例子，也会使他的假设——生命是黑洞形成过程中产生的副产品——更加清晰明了。这涉及最著名的宇宙巧合：霍伊尔有关碳原子核本质的人择洞察力。

一个新的视角

目前，在宇宙中，黑洞在恒星垂死挣扎之际被大量地生产出来。并不是每一个恒星都以一个黑洞的形式来结束自己的生命——这是施莫林论点中一个有争议的特点——但天文学家估计，今天每一万个宇宙的可见恒星中，至少有一个黑洞产生于前几代的恒星中。因此，在一个星系中，比如包含了几千亿恒星的银河系，至少有数千万的黑洞，当恒星贯穿生命周期时，更多的黑洞则会不断地被制造出来。在可见宇宙中，有至少一千亿个像银河系一样的星系，这意味着据保守估计，在可见宇宙中有 10^{18} 到 10^{19} 个黑洞。如果施莫林所言是正确的，那么每一个黑洞都会成为连接我们宇宙与另一个宇宙的脐带的末端。为了制造这些黑洞和婴儿宇宙，你首先需要制造恒星，这就是碳如此重要的原因。

当空间中的一团气体及尘埃在自重作用下开始坍缩时，也就开启了恒星形成的第一阶段，当**引力能**被释放时，它渐渐变热，而这种热能产生一种压力，常常托起云团，阻止它坍缩。宇宙大爆炸后，宇宙中形成的第一批恒星，由只包含氢和氦的云团组成，而氢和氦又设置在暗物质的结构中；这些云团一定很大，因为只有庞大而厚重的云团才会不受该热量的影响而坍缩。但在第一代及接下来的几代恒星中，较重的元素被制造出来，因此恒星的形成变得更加简单。目前形成新恒星的云团包括大量的氢和氦及有机分子的痕迹，诸如善于从云团中吸收热量，继而在红外波段（它可以躲进空间）中再次向外放射的一氧化碳。云团中也包含颗粒状物质，它像香烟烟雾中的粒子一样多，也是围绕碳原子建立的，而碳原子会保护云团的中心不受附近热量的影响，否则云团可能会在坍缩前便蒸发掉。

无须探究细节，最重要的是，由于它在协助**星际气体**云团坍缩中的作用，碳成为恒星形成过程中一个关键的因素。这意味着自然常数的任何变化都会使制造碳变得更加困难，从而导致一个宇宙包含更少的恒星和更少的黑洞。弗雷德·霍伊尔所关注的**碳共振**依然作为宇宙巧合的例子而需要被解释；但施莫林给予的解释却是，容易制造碳的宇宙会在宇宙景观中被挑选出来，因为它促进了黑洞和婴儿宇宙的形成。而我们的存在与它无关。

施莫林也从同一个视角解决了其他宇宙巧合的难题，他指出，有许多方法可以使物理参数发生变化，从而创造一个宇宙，而在这种宇宙中，黑洞是很稀少的。这些巧合同样也是人择宇宙学的支持者所使用的，他们意在指出我们居住的宇宙因我们的存在而从宇宙景观中被选出，因为如果这些巧合没有控制住的话，我们就不会在这里意识到这一切。但从施莫林的观点来看，我们这种生命只不过是恒星和黑洞形成过程中的附带产物，而对黑洞有益处的事物——比如碳——恰恰对生命有益处，这纯属巧合。[1]

施莫林也很关注宇宙景观和由脱氧核糖核酸（DNA）——生命的分子——编码的**适应度景观**之间的相似性。DNA 能够为地球上所有的生命形式指定遗传密码，也可以为其他实际上并不存在的生命形式指定遗传密码。有一种 DNA 景观，并且“所有可能的 DNA 序列及其集合都有可能永恒存在”。这与弦宇宙允许的所有宇宙在宇宙景观中永恒存在的方式非常相似。施莫林说：“它可能会饱受争议，有些人认为自然选择没有创新性，它只不过是从一系列一直存在的可能性中做出选择而已。”[2]

如果你熟悉“为生存而斗争”的思想和通过资源竞争淘汰地球上的生命形式从而导致“适者生存”的观点，那么你就会发现地球上生命形式的自然选择与宇宙景观中宇宙形式的自然选择之间的相似程度比你所想的还要紧密。这种斗争非常善于制作适合**生态位**的物种，但正是变异

〔1〕“巧合”是一个不太恰当的词，因为如果施莫林的观点是正确的，那么生命就像寄生虫一样，利用促进黑洞形成的条件而进化。不管怎样，黑洞才是真正重要的。

〔2〕坦白地说，施莫林并不是特别喜欢这个论点，但我很喜欢！

使得新的生命形式战胜了新的生态位。在一个基本水平上，重要的是个体留下的后代数量，或更专业地讲，是生物体的**微分存活率**。[1]资源竞争和为生存的斗争在决定地球上生命形式的微分存活率方面扮演着重要的角色，但这并不意味着它们就是故事的全部，即使它们是进化必不可少的一环。而变异才是真正不可或缺的。只要一代接一代的过程中存在细微的变化，而且下一代的繁殖率与遗传物质（genetic material）（对于地球上的生命来说）有关，或与（宇宙的）物理参数有关，进化就会产生大量的主题变异。施莫林简洁地总结如下：

> 流行的进化论解释常常强调竞争，强调物种以多种不同的方式被创造出来。为了使不同物种间的实际竞争降到最低，似乎进化的一个重要主题反而应该是创造新的生活方式的能力。

有关这一切，我的观点是：人类——可能是进化的顶峰——实际上起源于一连串的失败者。擅长做鱼的鱼类会留在海中，而那些不擅长做鱼的鱼类，不得不进化能力来学着呼吸并移动到陆地上；擅长做两栖动物的两栖动物会留在水边，而那些不擅长做两栖动物的，则进化能力来远离水域并在内陆寻找新的生活方式，而不是继续与它的同类竞争。沿着这条线继续探究，擅长住在树林中的类人猿生物会留在树林中，而不擅长在林中生存的生物则会进化并形成一种不同的生活方式，以确保他们能够在非洲平原上生活。从适者生存的角度看，地球上最成功的生命形式——简单的细菌，具有最高的存活率，40多亿年来，即自宇宙大爆炸后近三分之一的时间里，它们基本上没有发生过变化；但正如在一个

[1] 严格地说，这代表着下一代的存活率；如果后代没有继续繁殖就全部死去了，那么有很多后代也没什么好处。但进化生物学家用术语“后代”（offspring）涵盖了这一切。

特定的地点变得更加适应生存，在进化过程中开发DNA景观的新区域是非常重要的。

宇宙的自然选择观点把生命（包括人类的生命）从故事的中心舞台移走，并提出了一个令人沮丧的观点——我们只不过像寄生虫一样，利用宇宙进化并产生大量黑洞的过程而生存。如果换个角度来思考，你或许会得到一些慰藉，即施莫林的观点根本没有得到人们的广泛认可，有很多反对的观点在驳斥他的论点，集中体现在一点上，即可以设想有些宇宙生产黑洞的效率甚至比我们宇宙的效率更高。依据施莫林自己的推理，这将意味着我们住在景观中相对罕见的区域，伴随着所暗示的种种问题。这场争论远远没有结束，而问题也并没有以某种方式而解决。但我并不需要过多地讨论这场辩论，因为施莫林的提议引出了另一种观点，而这种观点恰恰把生命，甚至也可能包括人类的生命，重新带回到故事的中心舞台之中。

毫无疑问，自然选择为地球生命的多样化工作了数十亿年，但在过去的几千年中，人类也一直在为自己选择可取的个体特点，这就是为什么查尔斯·达尔文不得不使用术语“自然的”选择来使他所谈论的事物清晰明了。在下一代中选择我们想要的个体，利用这种方法，我们已经按照自己的意愿生产出更为优良的农作物和动物。我们对野草进行改良，研发出小麦；我们让奶牛比野牛的产奶量更多；而且不同品种的狗都是从狼发展进化而来的。所有品种的狗，在**遗传景观**中，都暗含着狼的DNA密码，我们利用传统的选择方法对其进行筛选或开发，从具有我们想要的特征的动物中育种，在DNA景观中从一种个体动物到另一种个体动物的进化，都遵循着一定的规则。

如今，我们获得了更多有关遗传物质的知识，我们可以直接改变DNA来获得改良的品种，从DNA景观中的一个区域跳到另一个，却并没有遵循特定的规则。我们甚至还会谈到设计婴儿——“改进”孩子的技术已经存在，而辩论主要是围绕着使用这种能力的意愿或其他方面展开的。那么一个比我们的文明稍微先进一些的文明能为宇宙做同样的事吗？是否存在一种人工选择，它可以取代自然选择，并设计出设计者想要的宇宙呢？我们是否就生活在这样的一个被设计出来的宇宙中呢？上帝是宇宙的园丁吗？答案是非常“肯定”的，因为制造黑洞是如此的简单。大自然可能需要一个恒星来实现这一目标，但某些更为先进的技术会在地球上完成这项任务。的确，有人提议，黑洞可能会在像大型强子对撞机这样的碰撞机上被意外地制造出来，这种观点支持了近年来最好的**“硬科学”**科幻故事。[1]

宇宙的创造者

我们可以将一切事物制成黑洞，前提是这些事物要受到强烈的挤压。任何质量都有一个临界半径，我们称之为**施瓦茨席尔德半径**（又称史瓦西半径），它是这一质量能够制造出的黑洞所需要的半径。对于太阳的质量来说，施瓦茨席尔德半径大约为3公里，这意味着如果所有的太阳质量被塞进一个直径为3公里的球体，它就会变成一个黑洞，并从我们的视线中消失，而其内部的所有事物都向着一个奇点跌落，或进入通向另一个新宇宙的量子隧道。如果你拥有如一百万个太阳之多的质量，而它对应着一个相当小的星系，那么这些质量就会被塞进一个半径为三百万公里的球体中，从而形成一个黑洞。如果地球被塞进一个半径只有一厘米的球体中，它也会变成一个黑洞。一个黑洞的半径与它的质量成正比。在像大型强子对撞机这样的粒子加速器的碰撞光束中，微小的质量被挤进了微小的体积中。它们有可能因过度挤压而形成小的黑

〔1〕 杰格瑞·班福德（Gregory Benford）的科幻小说《宇宙》。

洞。但由于引力的负性，黑洞有多么小并不重要，它仍然有可能暴涨、膨胀从而脱离原来的尺度，变成一个像我们宇宙一样的羽翼丰满的成熟宇宙。

被称为暴涨理论之父的阿兰·古斯，是深入研究该观点的众人之一。他与同事一起在麻省理工学院（MIT）潜心研究，在20世纪末，他提出了“实验室中的宇宙创作”的专业术语，并在自己所著的《暴涨宇宙》(*The Inflationary Universe*）一书的结尾部分探讨了这些观点。他的结论是，原则上，物理定律的确允许一个非常先进的技术文明通过这种方式创造一个或更多的宇宙；其余的，古斯开玩笑地说，“仅仅是一个工程设计的问题”。进一步改良后的观点认为，似乎任何以此方式形成的微小黑洞都会在霍金辐射过程中迅速蒸发，并从我们的宇宙中消失，切断与婴儿宇宙的联系。

在20世纪90年代中期，任职于马萨诸塞大学的宇宙学家泰德·哈里森（Ted Harrison），将施莫林的宇宙自然选择观点的要素与古斯的实验室创造宇宙观点的要素有机地结合起来，提出了一个宇宙人工选择的方案。[1]这是（到目前为止）该主题长期探索进程中的一个顶点。1584年，乔尔丹诺·布鲁诺激怒了国教，因为他提出“上帝的卓越”可能被“放大了，而且他的王国的伟大之处显示出（如果）他不是在一个太阳上被美化了，而是在无数的太阳上被美化了；他不是在一个单一的地球上被美化了，而是在一千个类似于地球的星球上被美化了。也就是说，他是在一个无穷大的世界上被美化了”。在1779年，哲学家大卫·休谟（David Hume）被判犯有轻微的罪行，因为他曾提出，上帝不可能在第一时间就做得非常正确，一个接一个的宇宙“在系统被制定出来[2]之

〔1〕 令人困惑的是，哈里森把它称作“宇宙的自然选择”。他与施莫林都使用了相同的名字，但所指的并不是相同的事物。

〔2〕 “被制定”是指硬币在铸币厂被打压印制出来，而不是现代意义上的被删除。

前，会在一个永恒的状态中被弄得一团糟。浪费了很多的人力，也做了很多徒劳的尝试，一个缓慢但持续的改进将最终在创造世界的无限岁月中实现”。哈里森赞同休谟的观点，他提出：为什么在我们的宇宙中停止呢？为什么这个过程不能继续，从而使宇宙更加多彩，甚至比我们所居住的宇宙更加适合生存，你是否祈求上帝也参与其中呢？

于1937年首次出版的《星球制造者》（*Star Maker*）是奥拉夫·斯蒂伯顿（Olaf Stapledon）科幻小说的早期作品，在书中，他描述了这样一个过程。梦境里的人物正在观察工作中的星球制造者：

> 我疲惫而又饱受折磨的注意力依然要尽力地跟随这个越来越微妙的创作，根据我的梦，它是由星球制造者构想的。一个又一个的宇宙产生于他热切的想象之中，每一个都与众不同，无限地多样化，在最大程度上每一个都要比上一个更容易被唤醒，但每一个我都越来越不明白……我努力集中昏昏沉沉的理解能力，试图捕捉宇宙的最终形式。混杂着欣赏与抗议，我犹豫地瞥了一眼最后制造出来的世界、肉体和灵魂的微妙之处，看了一眼由那些多样化的生命个体所构成的群落的微妙之处，这些生命个体已被唤醒，并拥有了丰富的自我认知和相互洞察力。

在星球制造者制造出的一个宇宙中：

> 每当一个生物面对着一些可能的行动方案时，它会全部采纳，从而创造出许多独特的**时间维度**和独特的宇宙历史。因为在宇宙的每一个进化序列中，会存在许多生物，而每一个生物都不断面对着许多可能的方案，所有方案的组合是数不清的，一个无穷大的独特宇宙会在宇宙的每一个时间序列中的任何时刻脱落。

这就是多世界观点，不可否认，它没有任何科学基础，但比休·埃弗莱特的版本早 20 来年！[1]

那么——真的存在星球制造者吗？我们真的居住在一个设计出来的宇宙中吗？

| 设计宇宙的进化 |

在一本有关宇宙的书中，若一句话里同时使用“智力”和“设计”两个词，就会出现问题。问题就在于当时有一群人（他们中大部分来自美国）总是提出反对意见，不能接受进化这一事实，更不必说查尔斯·达尔文提出的自然选择理论和阿弗雷德·罗素·华莱士对进化如何发挥作用的解释。他们相信《圣经》中的文字（或至少《圣经》中适合他们相信的部分内容），而且认为每一个物种都是由上帝创造或设计的。他们把这种观点称作**“智能设计”**，或简称为 ID。因此，为了避免任何混淆，我需要讲清楚，这并不是当我提到设计宇宙时所涉及的事物，或当我谈到我们的宇宙由多重宇宙另一区域的一个技术先进的文明中一个或几个成员精心制造出来这一可能性时所指的事物。这样的一个设计师可能是引发宇宙大爆炸的原因，但这仍意味着自然选择的进化和生产我们星球及其生命的所有过程，自大爆炸后就开始在我们的宇宙中发挥作用，而无须外界的干涉。

进化是一个事实，就像苹果从树上落下这个事实一样。的确，在达尔文时期，这已经是众所周知的事情了。他的祖父伊拉斯莫斯·达尔文

---

〔1〕 一个相似的观点出现在豪尔赫·路易斯·博尔赫斯（Jorge Luis Borges）的小说《小径分岔的花园》（*The Garden of Forking Paths*）中。

（Erasmus Darwin）是早期的思想家之一，早在查尔斯·达尔文出生之前，他就在苦苦思考进化这一事实，并试图找到一个原理来解释它。这个原理就是自然选择原理，它是由达尔文和华莱士分别独立地从他们各自对热带地区生命的扩散和“为生存而斗争”的研究中偶然发现的。自然选择是解释进化事实的理论，就像广义相对论是解释引力事实的理论一样——抛开其他因素不谈，引力让苹果从树上落下来。

当物理学家提到“**引力理论**”时，他们所指的是解释引力事实的爱因斯坦理论；当生物学家提到“**进化理论**”时，他们所指的是解释进化事实的达尔文－华莱士理论。

这个术语强调了科学事业的另一个重要的特征。批评进化思想的人，比如 ID 的支持者，其批评的依据之一就是它“仅仅是一个理论”。要知道这种理论是自然选择而不是进化，除了这一事实，重要的是，他们已经混淆了日常用语中“理论”一词的用法及它在科学领域的用法。在日常用语中，某个人不成熟的想法可能会被描述为“仅仅是一个理论”——我哥哥认为，把牛奶加入茶中正确的方法是先倒入牛奶，但这只是他的理论，而我有权持有自己的观点。而在科学领域，一个理论是一个完全成熟的想法，是一个被实验和观察检验，并通过了这些检验的想法。

即使它没有通过检验，或者当它没有通过检验时，一个成功的理论也不能完全被废弃，因为任何取代它的新理论一定要通过先前的理论所通过的全部检验，以及一些新的检验。这样，当爱因斯坦的引力理论出现后，牛顿的引力理论也不会变得毫不相关。在描述苹果从树上掉落的方式时，牛顿的理论仍然会发挥很好的作用；爱因斯坦的理论也会解释这一点，但除此之外，它还会解释，比如水星轨道的细节，而牛顿的理论却不能对此做出解释。同样，达尔文－华莱士理论得以优化和改进，相当一部分是由于对 DNA 工作方式的理解及其发展，但这并没有使 19

世纪时他们偶然发现的基本真理失去价值。

自然选择已经在我们的身边发挥了作用——其中一个最美丽而贴切的例子，就是加拉帕戈斯群岛（Galapagos Islands）的雀种群，达尔文看到之后也颇为震惊。乔纳森·维纳（Jonathan Weiner）的《雀喙之谜》（*The Beak of the Finch*）一书描述了更多吸引人的相关细节。在实验室的实验中，我们也可以发现自然选择在发挥作用，比如果蝇这种生物，它的寿命很短，可以被研究许多代。鉴于在我们宇宙中运行的物理定律，其实我们并不需要智能设计师来解释我们如何成为现在这个样子。那么宇宙的智能设计师的工作领域在哪里呢？

设计的宇宙

如果宇宙的设计师通过生产黑洞来制造新的宇宙——这也是目前我们所了解的唯一方式，他们会从三个层面来操作。第一层面只是制造黑洞，没有任何影响物理定律在新宇宙中运行的意图。就宇宙的进化而言，这一点本质上与李·施莫林的方案是一致的，即由众多宇宙构成的多重宇宙从自然的黑洞中被创造出来，但此外，设计师可能会用他们自己的宇宙中一生的时间来制造更多的黑洞和婴儿宇宙，其数量远远超出自然形成的黑洞和婴儿宇宙的数量。人类几乎已经达到了这一层面，杰格瑞·班福德的小说《宇宙》把前景放在一个令人愉快而又虚幻的环境之中。有趣的是，这可能暗示了在多重宇宙中智能生活被“选定”，因为智能可以制造黑洞，蕴含智能的宇宙比无生命的宇宙更为常见。

第二个层面，对于一个稍微先进一点的文明来说，将涉及在某一方向推进婴儿宇宙特性的能力。比如，它有可能调整黑洞形成的过程，这样婴儿宇宙中的引力要比母宇宙中的引力稍强一些，但没有设计师能精确地说出它将强到什么程度。

第三个层面，对于一个非常先进的文明来说，将涉及在婴儿宇宙中准确设置物理参数的能力，比如，碳共振的精确值，从而详细地设计出婴儿宇宙。正是在这一层面上，我们能够与设计婴儿做一个类比——与通过修复DNA来获得一个完美的孩子有所不同，一个非常先进的技术文明会通过修复物理定律来获得一个完美的宇宙。至关重要的是，婴儿宇宙一旦形成，那么在任何情况下设计师都不可能——即使在最先进的水平上也不可能——再进行干预。从它自身发生大爆炸的那一刻起，每一个宇宙都将依靠自己独自运行。

制造婴儿宇宙中最令人吃惊的是，正如我所解释的，它很简单——比在计算机中模拟类似于我们的宇宙要简单得多，至少在第一层面。鉴于此，伪造宇宙观点的支持者所使用的全部论点会更有说服力地应用于制造宇宙的观点之中。即使伪造者是正确的（我的确相信他们是正确的），根据他们自己的推理，制造宇宙的数量应该远远超过模拟宇宙的数量，因此极有可能（在伪造者的语言中，指数显示更有可能）我们居住在一个制造的宇宙中，而不是一个计算机模拟中。

哈里森的提议指出，在一个最初的〔1〕宇宙景观中，进化通过施莫林的过程自然地发生，直到至少一个宇宙出现，而该宇宙所具有的智能与我们的智能在同一层面上。智能设计〔2〕加上进化会导致类似于我们的宇宙的大量繁殖（从适合智能生命的意义上来说），以至于“非智能”宇宙变成了整个多重宇宙中的一小部分。第一个智能宇宙可能在偶然间被生产出来，但从那以后，制造的宇宙大量繁殖并占据主导地位。从这个意义上说，在多重宇宙的宇宙景观背景下，似乎很可能我们周围宇宙的

---

〔1〕 在使用“最初”一词时，我颇为迟疑，因为正如我前面所讨论的，时间流动可能就是一种错觉；但日常用语真的不能胜任描述永恒的多重宇宙的任务，所以我不得不用这个词。

〔2〕 并不是反进化论者提出的那种“智能设计”！

存在，是人择选择（把术语“人择”一词扩展为任何智能的生命形式）和适合生命的调整两者的产物。

正如哈里森发表在皇家天文学会季刊（*Quarterly Journal of the Royal Astronomical Society*）的一篇文章中所说：

> 生命自身接管了创造的任务……创造我们宇宙的高级生命所居住的宇宙与我们的宇宙并非大相径庭。它们不仅是智能的，而且还是可理解的，并可能与我们也会创造宇宙的遥远后代有相似之处。这些高级生命如何创造我们的宇宙，他们自身又是如何被创造出来的，这些都成为目前可理解的议题，并等待我们去探索。

做这项工作所需的智能可能比我们的智能要优越一些，但它与我们的智能大致相同，是一个有限的智能，而不是一个无限的不可理解的神。这样的智能制造宇宙的原因，极可能与人们做如下事情的原因相同，如爬山或用像大型强子对撞机这样的加速器来研究次原子粒子的本质——因为他们可以做到。拥有制造婴儿宇宙技术的文明可能会发现难以抵挡的诱惑，而在宇宙设计的更高层面，如果高级智能是像我们一样的任何事物，那么就会有一个势不可挡的诱惑来改进他们自己的宇宙设计。

这为阿尔伯特·爱因斯坦常常提出的难题，提供了一个最好的解决方案，“关于宇宙最不可理解的事物就是，它是可理解的”。对于人类的心智来说，宇宙是可理解的，因为至少在某种程度上，它是由思维与我们相似的智能生命设计的。弗雷德·霍伊尔表达得略有不同。“宇宙，”他常说，“是一个圈套。”我相信他所说的是正确的。但为了使大家理解这个“圈套”，我们需要本书中讨论的每一个基本原理。

我认为，“因果补丁”论点和热力学之间的比较意味着尽管因果补丁之外没有任何事物可以影响我们，但我们仍然仅存在于此处，是因为因果补丁外部的一切事物都存在着。我们存在的这一事实，似乎是我们的确生活在多重宇宙中的最好证据。对于我们今天的多重宇宙，它最好的数学描述就是弦景观，苏士侃已经展示了它本质上与休·埃弗莱特的多世界“景观”是相同的，该观点近来被戴维·多伊奇表达得最为清晰。从任何一个观点来看，泰德·哈里森对李·施莫林关于宇宙进化观点的改进，涵盖了宇宙的智能设计师的角色，也使得该理论更加全面。根本不存在关于宇宙巧合的难题。确实，宇宙被创建，从而为生命提供家园，但一旦宇宙开始运行，生命就会通过一个自然选择的过程进化，而无须外界的干扰。与其说人类是上帝通过想象创造出来的，还不如说宇宙似乎是宇宙设计师通过想象创造出来的。

译者后记

翻译完本书后，我们感受到了原著作者约翰·格里宾（John Gribbin）开阔的科学视野，在本书中，涉及当前科学研究的诸多前沿知识和深奥的专业理论，如广义相对论、量子理论、人择宇宙理论、黑洞、生命的起源，等等。特别是本书的中心议题——多重宇宙理论，更使我们对浩瀚宇宙的复杂性和无限可能性有了进一步的了解。尤为难能可贵的是，作者用了大量生动形象的比喻和例子将这些深奥的理论解释得尽可能浅显易懂，例如将多重宇宙比喻为一个有无限多藏书的图书馆，这对初次接触这些理论的广大读者来说不啻为一个良师益友。

在本书翻译过程中，我们在忠实于原著的前提下，尽可能使表达符合汉语的习惯。但是，因为两种语言在表达习惯和叙述风格方面的差异，在译文中不可避免有些句子会留下英语的表达痕迹，这一点相信读者可以理解。此外，原书所附“延伸阅读”均为英文著作，国内读者不易查阅，就没有译成中文，有兴趣的读者可与译者联系。

因为书中涉及的知识面很广，专业术语众多，为使译文与国内通行的标准译语一致，我们参阅了大量的同类文献，如目前在国内发行的约翰·格里宾的另两本译著——《寻找薛定谔的猫》和《霍金传》，对于个别专业名词没有标准的译法，我们对其含义或作音译或作意译。此外，在不同的语境下，有些词的译法会有所不同，对于这种情况，我们并没有刻意地追求同一词语或句子前后完全一致，而是在确保清楚表达原著作者意图的前提下，做了灵活的处理，如"irregularity"一词，在第二章中翻译为"褶皱"，但在其余章节中翻译为"不规则性"。

在翻译此书时，我们参阅了许多书籍和辞典，如《牛津当代百科大辞典》和《朗文当代英语大辞典》，获益匪浅。当然，在信息技术高度发达的今天，丰富便捷的网络资源也给我们提供了很大的帮助，例如《维基百科》，给我们提供了多角度了解相关专业知识的窗口。

当然，翻译此书并不代表书中的每一个观点都是正确的，正如作者在文中所说的那样，迄今为止，理论学家们正在研究的多重宇宙的观点之中，尚未有一种观点被证实是正确的。但是，本书为我们展示了一位严谨的科学家是如何通过推理、通过思辨不断探索宇宙真相的，书中表现出来的严谨缜密的科学思维方法是值得许多人学习的。

本书的引言、第一章和第二章由常宁翻译，第三至第五章由何玉静翻译，第六章、第七章由刘茉翻译，常宁对全部译文作了修改和润色，以尽可能保持译文风格的前后统一。在翻译过程中，我们共同面对专业知识上的"拦路虎"，为了一个译名的表达费力斟酌，常常争论得面红耳赤，深刻体会到了"戴着镣铐跳舞"的苦涩与艰辛，也常常为翻译中的"得意之笔"而欢欣鼓舞。在此要特别感谢朱振立和任辉两位同志，他们反复审阅了本书的内容，认真校对每一句话，站在专业的角度为本书提出了很多宝贵的意见，并翻译了封面、目录、扉页等内容。

向海南出版社的孙芳同志表示衷心的感谢，感谢她的信任，使得我们经受了一次精神和知识的双重洗礼，感谢她在幕后所做的大量卓有成效的工作，使得我们有机会把这样一部优秀的作品介绍给国内爱好科学的广大读者。

常宁

2011.11.11

附　录

专有名词中英对照索引

序言

量子物理学 quantum physics
多重宇宙 Multiverse
人择宇宙 anthropic cosmology

导言

“外部”星云“external”nebulae
星系 galaxy
星系团 galaxy cluster
宇宙学红移 cosmological redshift
空间延伸效应 space-stretching effect
多普勒效应 Doppler effect
等效速度 equivalent velocity
退行速度 recession velocity
地球般的平庸 terrestrial mediocrity
能量火球 a fireball of energy
大爆炸 the Big Bang
多世界 many worlds
回顾时间 look back time
空间泡泡 the bubble of space
多重宇宙 Multiverse
假定的世界的多元性 the supposed Plurality of Worlds
人择宇宙学 anthropic cosmology
多世界诠释 many worlds interpretation

第一章

量子实体 quantum entity
薛定谔的猫 Schrödinger's cat
次原子 sub-atomic
不确定性 uncertainty
共轭变量 conjugate variable
测不准原理 Uncertainty Principle
速度向量 velocity
普朗克常数 Planck's constant
概率 probability
波函数的坍缩 the collapse of the wave function
光电效应 photoelectric effect
光子 photon
干涉图案 interference pattern
量子物理学诠释 interpretations of quantum physics
哥本哈根诠释 Copenhagen Interpretation
波函数 wave function
叠加态 superposition of states
盖革计数器 Geiger counters
猫悖论 cat paradox
无限回归 infinite regression
多世界诠释 Many Worlds Interpretation
多重宇宙 Multiverse
博弈论 game theory
分裂 splitting
阿米巴变形虫 amoeba
确保相互摧毁 Mutually Assured Destruction
特征值 eigenvalue
平行世界 parallel worlds
祖母悖论 granny paradox
自洽的 self-consistent
量子跃迁 quantum transition
状态向量 state vector

第二章

人择推理 anthropic reasoning
暗物质 dark matter
重子物质 baryonic matter
原子元素 atomic element
重元素 heavy element
激发态 excited state
基音 the fundamental
演奏泛音 harmonics
能量级 energy level
动能 kinetic energy
涨落 fluctuation
引力场 gravitational field
重力势能 gravitational potential energy
核子 nucleon
强核力 strong nuclear force
电力 electric force

超新星 supernovae
强力 strong force
氘 deuterium
重氢 heavy hydrogen
弱力 weak force
电磁力 electromagnetism
指数计数制 exponential notation
平方反比定律 inverse square law
排斥力 repulsion
吸引力 attraction
电荷 electric charge
正电荷 positive charge
负电荷 negative charge
体积法则 volume rule
宇宙学常数 cosmological constant
宇宙斥力 cosmetic repulsion
人择限制 anthropic limit
褶皱 irregularity
临界密度 critical density
大坍缩 Big Crunch
重子 baryonic
引力坑洞 gravitational potholes
平坦性 flatness
封闭的 closed
封闭的宇宙 closed universe
开放的宇宙 open universe
暴胀 inflation
平滑性 smoothness
块度 lumpiness
质心 center of mass
静质能量 rest mass energy
观测宇宙学 observational cosmology
宇宙背景辐射 cosmic background radiation
负反馈 negative feedback
离心力 centrifugal force
立方反比定律 inverse cube
正反馈 positive feedback
维数 dimensionality
系综 ensemble of universes

第三章

量子位元 Quantum Bits
时间流逝 Time Slips
影子对应物 shadow counterparts
二进制数字或位 binary digits or bits
字节 byte
处理器 processor
自旋 spin
量子位元 qubit
寄存器 register
量子字节 qubyte
量子并行性 quantum parallelism
素数 prime number
偶数 even number
因子 factor

平方根 square root
密码学 cyptography
肖尔算法 Shor's algorithm
量子干涉效应 quantum interference effect
消相干 decoherence
量子点 quantum dot
核自旋态 nuclear spin state
无线电频率电磁脉冲 radio-frequency electromagnetic pulses
磁共振成像 magnetic resonance imaging
速度空间 velocity space
分速度 velocity component
相空间 phase space
混沌理论 chaos theory
时间轴 time line
时间中的"横向"移动 "sideways" in time
现实的"块宇宙"模型 the "block universe" model of reality
鸽子洞 pigeon hole
虫洞 wormhole

第四章

熵 entropy
熵增加 increasing entropy
庞加莱循环时间 Poincaré cycle time
庞加莱始态复现时间 Poincaré recurrence time
开氏温标 the Kelvin scale
热寂（或热死）heat death/thermal death
涨落 fluctuation
以太 aether
元宇宙 meta-universe
玻尔兹曼型涨落 Boltzmann-type fluctuation
混沌 chaos
哈勃体积 Hubble volume
第一层多重宇宙 Type I Multiverse
曲率 curvature
球面几何模型 spherical model
经典热力学 classical thermodynamics
静态 static
动态 dynamic
太空 void
引力的负性 the negativity of gravity
平方反比定律 inverse-square law
原恒星 proto-star
核聚变反应 nuclear fusion reactions
奇点 singularity
大坍缩 big crunch
反引力 antigravity
大反弹 big bounce
反弹模型 the bouncing model
循环模型 cyclic model
振荡宇宙模型 oscillating models of cosmology

镜像 mirror image
对称性 symmetry
暴涨 inflation

第五章

量子引力理论 a quantum theory of gravity
零点 time zero
历元 epoch
物质团 lump of matter
标准大爆炸模型 the standard Big Bang model
元宇宙 meta-universe
粒子物理学 particle physics
量子场理论 quantum field theory
反粒子 antiparticle
正电子 positron
量子电动力学 quantum electrodynamics
弱电理论 electroweak theory
万物之理 the Theory of Everything
微粒性 graininess
不确定性关系 uncertainty relation
共轭变量 conjugate variables
参数对 pairs of parameters
电子－正电子对 electron-positron pair
真空涨落 vacuum fluctuations
量子涨落 vacuum fluctuations
虚粒子 virtual particle
质能 mass-energy
高能粒子物理学 high energy particle physics
高能粒子加速器 high energy particle accelerators
夸克 quarks
电弱力 electro-weak force
大统一力 grand unified force
纯量场 scalar field
负引力 negative gravity
倍增时间 doubling time
指数式增长 exponential growth
指数式膨胀 exponential expansion
德西特宇宙 de Sitter universe
反引力 antigravity
恒稳态宇宙模型 the Steady State Model of the Universe
宇宙时间 cosmic time
物质能量 mass-energy
普朗克长度 Planck length
普朗克时间 Planck time
普朗克尺寸 Plunck size
大爆发 outburst
混沌暴涨 chaotic inflation
微调 fine-tuning
基本力 fundamental forces
第二层多重宇宙 Type II Multiverse

永恒暴涨 eternal inflation
“永恒的”混沌暴涨“eternal”chaotic inflation
弦和膜 strings and membranes
暴涨场 the inflation field
因果补丁物理 causal patch physics
补丁 patch
因果补丁 causal patch
信用 credit
统计涨落 statistical fluctuation
特殊理论 the special theory
超星系团 superclusters of galaxies

第六章

欧拉 β 函数 Euler beta function
重整化 renormalization
弦理论 string theory
大统一理论中 Grand Unified Theories
引力子 graviton
光子电磁引力 gravity of the photon for electromagnetism
自旋为 2 的玻色子 spin−2 boson
引力辐射 gravitational radiation
圈量子引力论 quantum loop gravity
量子粒子 quantum particles
基本原理 first principles
紧化 compactification
卡鲁扎−克莱恩理论 Kaluza−Klein theory
量子电动力学理论 theory of quantum electrodynamics
紧化 compactified
第六理论 sixth theory
超引力 supergravity
p− 膜 *p*−branes
M− 理论 M−theory
泡泡宇宙 bubble universes
相邻的宇宙 universe next door
三维膜世界 3−dimensional brane worlds
反膜 antibrane
高维宇宙 high−dimension universes
低维宇宙 small−dimension universes
反弹模型 bouncing model
宇宙景观 the cosmic landscape
卡拉比 − 丘形流 Calabi−Yau manifolds
真空能量 vacuum energy
普朗克点 Planck points
弦景观 string landscape
袖珍宇宙 pocket universe
平行观点 parallel perspective
黑客帝国系列电影 Matrix series of movies

第七章

弦理论景观科学（the science of the string theory landscape
人择解决方法 anthropic solution
伪真空 false vacuum
虚拟实境 metaverse
人择参数 anthropic arguments
威利汽船 Steamboat Willie
霍金辐射 Hawking radiation
信息的守恒定律 law of conservation of information
潮汐力 tidal forces
互补性 complementarity
虚拟世界 Sim World
无理数 irrational number
量子引力 quantum gravity
圈量子引力论 quantum loop gravity
“反弹”宇宙“bouncing” universe
基本粒子物理学 elementary particle physics
进化生物学 evolutionary biology
量子泡泡 quantum foam
最佳值 optimum values
引力能 gravitational energy
星际气体云团 interstellar gas clouds
碳共振 carbon resonance
适应度景观 fitness landscape
生态位 ecological niche
微分存活率 differential survival rate
遗传景观 genetic landscape
硬科学 hard science
施瓦茨席尔德半径 Schwarzschild radius
时间维度 temporal dimensions
智能设计 Intelligent Design
引力理论 the theory of gravity
进化理论 the theory of evolution